Alfred Hutterer-Niedereder

Das große Präparierbuch der Fische

3. Auflage

Alfred Hutterer-Niedereder

Das große Präparierbuch der Fische

Dritte, revidierte Auflage
Mit 194 Abbildungen, davon 12 farbig auf 1 Tafel, und 7 Tabellen

Verlag Paul Parey · Hamburg und Berlin

CIP-Kurztitelaufnahme der Deutschen Bibliothek

Hutterer-Niedereder, Alfred:
Das große Präparierbuch der Fische / Alfred
Hutterer-Niedereder. – 3., rev. Aufl. – Hamburg :
Berlin : Parey, 1985.
ISBN 3-490-26914-4

Mit Ausnahme der Abbildung auf S. 90 stammen alle Aufnahmen vom Verfasser.

 Anschriften: Spitalerstraße 12, 2000 Hamburg 1; Lindenstraße 44-47, 1000 Berlin 61. Printed in Germany by Wilhelm Carstens OHG, 3043 Schneverdingen. Umschlaggestaltung: Jan Buchholz und Reni Hinsch, Hamburg, unter Verwendung eines Fotos des Verfassers.

ISBN 3-490-26914-4

Vorwort zur dritten Auflage

Gerade in einer Zeit, in der gute Fischwasser knapper werden und immer mehr Fischarten durch Umweltbelastungen in ihrer Existenz bedroht sind, erscheint es sinnvoll, ja geradezu notwendig, manchen bemerkenswerten Fang nicht nur im Bild, sondern für lange Jahre auch „zum Anfassen" zu erhalten. Als verantwortungsbewußte Naturfreunde verzichten wir dabei selbstverständlich auf geschützte Arten, ob z. B. Zingel oder Streber. Aus Einsicht und Überzeugung, und erst in zweiter Linie wegen des sonst zu erwartenden behördlichen Ärgers. Schließlich wollen wir uns an einem gut gelungenen Präparat vorbehaltlos erfreuen können!

Die zunehmend genutzte Abgußtechnik erleichtert es, von einem kapitalen Flossenträger gleich mehrere Abgüsse für interessierte Freunde und Bekannte herzustellen. Diese Methode empfiehlt sich besonders auch bei Meeresfischen, die wegen ihrer pergamentartigen Haut von Amateuren fast nie sauber präpariert werden können. Hier ersetzt also der Abguß das Selberpräparieren.

Weitere, in letzter Zeit neu entwickelte Verfahren zum Präparieren von Fischen sind in erster Linie zum Anfertigen von Museumsstücken gedacht und so schwierig, daß sie sich kaum für die Zwecke und Möglichkeiten des Anglers eignen.

Die nun vorliegende dritte, revidierte Auflage des Präparierbuches ist geringfügig ergänzt, sonst gegenüber der neubearbeiteten und erweiterten zweiten Auflage aber fast unverändert geblieben. Denn sämtliche hier beschriebenen Methoden liefern gute Ergebnisse, die sich mit einigem Geschick jederzeit nachvollziehen lassen.

Das Bezugsquellenverzeichnis am Schluß des Buches wurde auf den neuesten Stand gebracht.

Ich wünsche den präparierenden Anglern und den angelnden Präparatoren viel Petri Heil und nachhaltige Freude an ihren Trophäen.

Kolbermoor, im Frühjahr 1985 — Alfred Hutterer-Niedereder

Vorwort zur ersten Auflage

Präparieren, das dauerhafte Haltbarmachen von Fischen, ist kein Zweig der schwarzen Magie, sondern ein ganz reelles Handwerk, das bei einigen manuellen Fähigkeiten und einer sachkundigen Anleitung jedermann erlernen kann. Bis jetzt fehlte ein anleitendes Buch, das die erforderlichen Techniken übersichtlich und leicht verständlich aufzeigte. Ich will mit meinem Buch versuchen, diese Lücke zu schließen und mit über 170 Fotos den Arbeitsablauf der wichtigsten Techniken der Fischpräparation zu zeigen. Nicht besonders erwähnt werden rein wissenschaftliche Methoden, dafür aber eingehend die in der täglichen Praxis vorkommenden Arbeiten.

Während ein staatlich festangestellter Präparator mit Gehalt und Etat die Möglichkeit zum eigenen Experimentieren hat, muß der gewerblich tätige Präparator auf zivile Preise, saubere Arbeit und zufriedene Kunden bedacht sein. Ich selbst gehöre keinem der beiden Kreise an, präpariere seit annähernd 20 Jahren ausschließlich Fische und bezeichne die Ergebnisse meiner Tätigkeit als Fischpräparation, wobei ich die Bezeichnung Präparator nicht führe. Bis jetzt ist der Berufszweig Präparator noch nicht als Lehrberuf staatlich anerkannt, und es kann auch keine Gehilfen- oder Meisterprüfung abgelegt werden. Die schöne Tätigkeit des Präparierens hätte es sicher verdient, von staatlicher Seite anerkannt zu werden.

Fische werden als Trophäen oft recht unnatürlich und lieblos fabriziert mit dem Argument: Schuppenträger kann man nicht besser präparieren. Sicher, die Federn der Vögel und die Haare der Säugetiere verdecken die Unebenheiten der Haut. Bei einem Fisch ist das nicht der Fall. Hier gilt es von Anfang an, materialgerecht und sorgfältig zu arbeiten, dann wird sich auch der gewünschte Erfolg einstellen.

Die übersichtliche Gliederung des vorliegenden Buches macht mit den gebräuchlichsten Werkzeugen und Chemikalien bekannt, verweist auf bewährte Farben und Lacke, begründet die Notwendigkeit der richtigen Augenwahl und führt über Einfachstpräparate und den Fischkopf als Trophäe zum ganzen Fisch. Der Erhaltung wertvoller Trophäen wird ebenso Rechnung getragen wie dem Abgußverfahren und den Kunstharzeinschlüssen. Die Verarbeitung von „Schwerigal" zur Herstellung absolut lebensechter Lehrmittel beschließt meine Anleitung in Wort und Bild. Ich hoffe, mit diesem Buch das Interesse für Fischpräparationen geweckt und auch dem gewerblich tätigen Präparator manch nützlichen Tip gegeben zu haben. Für die Herstellung des Röntgenfotos – Hechtkopf – bin ich Herrn Dr. Rauscher in Rosenheim sehr dankbar.

Kolbermoor, Frühjahr 1976 Alfred Hutterer-Niedereder

Inhalt

Kapitel 1 Werkzeuge

Für den Präparator gibt es, wie für jeden anderen Beruf auch, eine ganze Reihe arbeitsgerechter Instrumente oder Werkzeuge. Dazu kommen dann noch eventuell selbst hergestellte Vorrichtungen, die der Arbeitserleichterung dienen.

Für einfache und anspruchslose Präparate sind keine besonderen Werkzeuge erforderlich. Wer nur Schlundzähne präparieren will, kann also auf ein Skalpell verzichten. Da wir uns aber gründlich mit der Materie des Fischpräparierens befassen wollen, sind folgende Werkzeuge – in möglichst rostfreier Qualität – von großem Nutzen und auf die Dauer unentbehrlich.

Das Skalpell, möglichst in verschiedenen Größen mit handlichem Griff, ist dem Taschenmesser in jedem Fall vorzuziehen, da sich damit wesentlich genauere Schnitte ausführen lassen, und bei vielen Arbeiten kommt es auf die Genauigkeit entscheidend an. Ob mit Holz- oder Metallheft, mit auswechselbarer oder feststehender Schneide, bleibt dem persönlichen Geschmack überlassen.

Eine gewöhnliche Schere dient zum Zuschneiden der Hilfsmittel aus Stoff, Papier, Karton oder Kunststoff. Sehr gut eignet sich auch eine allesschneidende Haushaltsschere.

Chirurgische Scheren mit gewellter Schneide und gerader oder gebogener Spitze wie Darm- und Anatomie-Scheren sowie Gefäßscheren sind für die saubere Bearbeitung unserer Objekte unentbehrlich.

Ein scharfer Löffel in zweiseitiger Ausführung (rund und oval) ist bei Ausräumungsarbeiten am Fischkopf und an der Flossenbasis das gegebene Instrument. Für große Fischköpfe habe ich mir aus einem Schraubenzieherheft und einem Grapefruitlöffel einen großen scharfen Löffel recht preiswert selbst hergestellt.

Gezahnte Schlingenkratzer in eckiger und gebogener Form erleichtern die Fleischentfernung ohne Hautbeschädigung und eignen sich hervorragend für Arbeiten am Fischkopf.

Gefäßklemmen dienen zum Entfernen der Eingeweide, um Fleischreste aus den Backentaschen zu holen sowie zum Abklemmen von Därmen, wenn diese oder andere Organe präpariert werden sollen.

Ein Wundhaken, dreizahnig, leistet gute Dienste beim Entnehmen der Fische aus den diversen Bädern.

Gebogene Nadeln – Marke Eigenbau – benötige ich zum Entfernen der Eingeweide für die Schwerigaltechnik. Diese Nadeln lassen sich aus einer Sonde oder einem Metallheft und Stahldraht leicht herstellen.

Klammern in Metall und Plastik benutzen wir in diversen Ausführungen zum Fixieren und Pressen von Flossen und Kiemen und anderem mehr.

Ein Nadelhalter für chirurgische Wundnadeln macht aus der Näharbeit ein „wahres Vergnügen“ und schont die Finger.

Wundnadeln gibt es in gerader und gebogener Form in vielen Größen. Billiger sind dreischneidige Schuhmachernadeln.

Als Nähmaterial findet bei mir Zwirn und Perlonseide in Maschinenqualität Verwendung. Weißer Zwirn in den Stärken 8 und 10 eignet sich für alle Näharbeiten an Fischpräparaten, wie Schlund vernähen u. a. m. Für Fische mit dunkler Haut ist natürlich schwarzer Zwirn besser. Für Abbindungen bei Schwerigalpräparaten verwende ich ganz dünne Perlonseide.

Eine Präpariernadel mit Metallheft und Pinzetten mit gerader oder gebogener Spitze in einigen Größen werden für Eingießtechniken benötigt und eignen sich auch für Korrekturarbeiten.

Metall- und Plastikspritzen mit diversen Kanülen und Schlauchverbindungen sind für Einspritzungen der Konservierungsmittel und auch für Schwerigal-Präparate unentbehrlich. Für klebrige Flüssigkeiten nehme ich nur Einmalspritzen, da diese in der Regel billiger als das nötige Reinigungsmittel sind.

Für die Gewichtsbestimmung bei Kunstharzmassen ist eine ge-

1 – Moskito-Klemme, 2, 3 – Schlingenkratzer, gebogen und gerade, 4 – Schere mit gewellter Schneide und gebogener Spitze, 5 – scharfer zweiseitiger Löffel, 6 – Skalpell, 7 – Knorpelschere, 8 – kleine gebogene Schere (Maniküre-), 9 – großer scharfer Löffel (Eigenbau), 10 – Wundhaken, 11 – Gefäßklemme mit breitem Kopf, 12, 13 – langer und kurzer Haken, 14 – zweiseitiger Spachtel (dental), 15 – Sonde, 16 – Modellierwerkzeug, 17 – geschweifter Kratzer, feinzahnig.

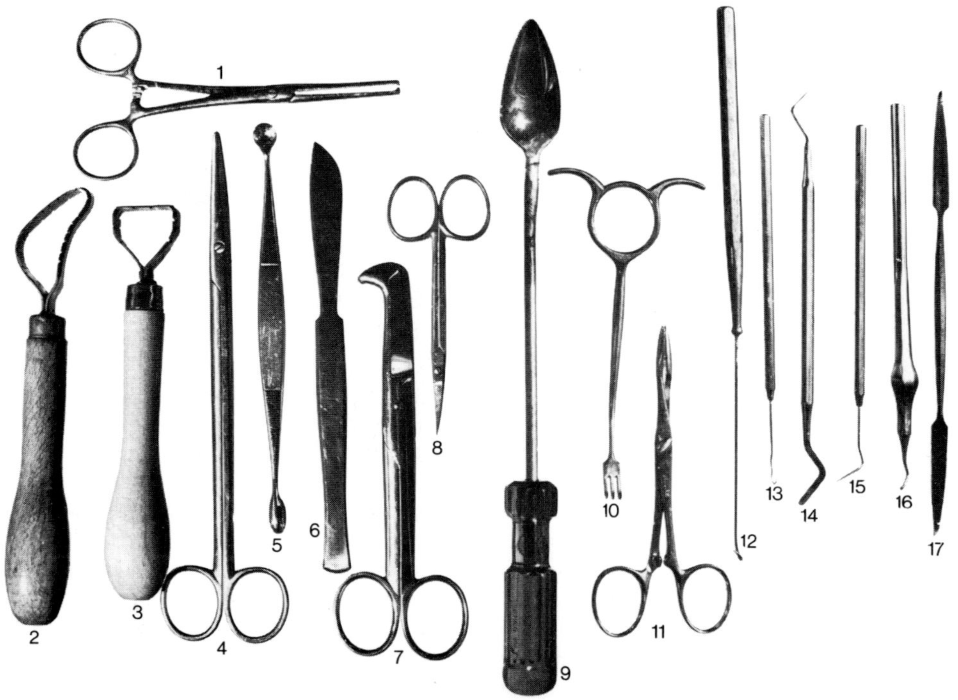

nau wiegende Briefwaage bis 500 oder 1000 Gramm so wichtig wie das tägliche Brot. PU-Schaum z. B. muß exakt 1:1 vermischt werden, und dies geht am besten und verlustfrei durch Wiegen. Dasselbe gilt für Lösungen, die nicht alle das gleiche spezifische Gewicht aufweisen.

Glasbehälter, Wannen und Eimer sowie Meßbecher und Mensuren für alle Flüssigkeiten und Bäder sollen in einem eigenen Raum aufbewahrt werden, im eigentlichen Arbeitsraum sind sie nur störend. Behälter aus Blech verwende ich überhaupt nicht, wenn wir einmal von den Chemikaliengebinden absehen.

Gummihandschuhe in Arbeits- oder Operationsqualität sind beim Umgang mit unverdünntem Formalin und auch bei der Ausschäumtechnik anzuraten.

Für Reparaturarbeiten und Retuschen kommen unter anderem Werkzeuge aus der Zahntechnik (erhältlich im Dentalgroßhandel) zur Anwendung, die für viele Aufgaben eingesetzt werden können, wie zum letzten Schliff beim Augeneinsetzen und dem Anmodellieren der künstlichen Flossen.

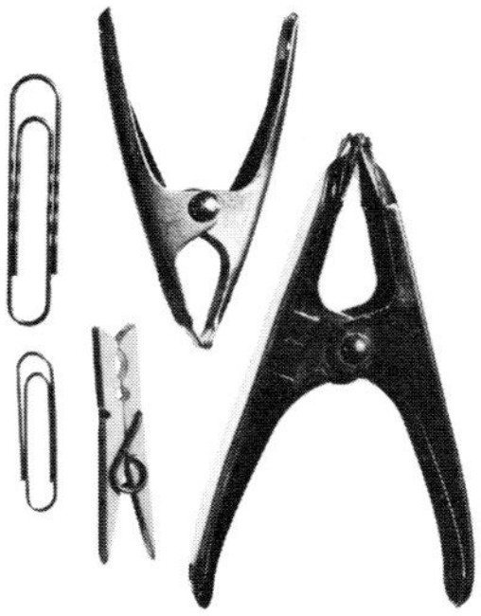

Kleine und große Büroklammer, Wäscheklammer aus Plastik, kleine und große Metallklammer (rostfrei).

1 – Nadelhalter, 2 – Präpariernadel mit Metallheft, 3, 4 – kleine und große Spitzpinzette, 5 – große anatomische Pinzette, 6 – Splitterpinzette, 7 – kleine gebogene Pinzette, 8 – große Metallspritze mit Schraubgewinde, 9–11 – Einmalspritzen zu 20, 10, 5 ml, 12 – gebogene Hohlnadel, 13 – Kanüle für dickflüssige Mittel, 14 – Kanüle mit Olive zum Einbinden, 15 – Einmalkanüle fein, 16 – Einmalkanüle, selbst gebogen für Befüllungen (Schwerigal).

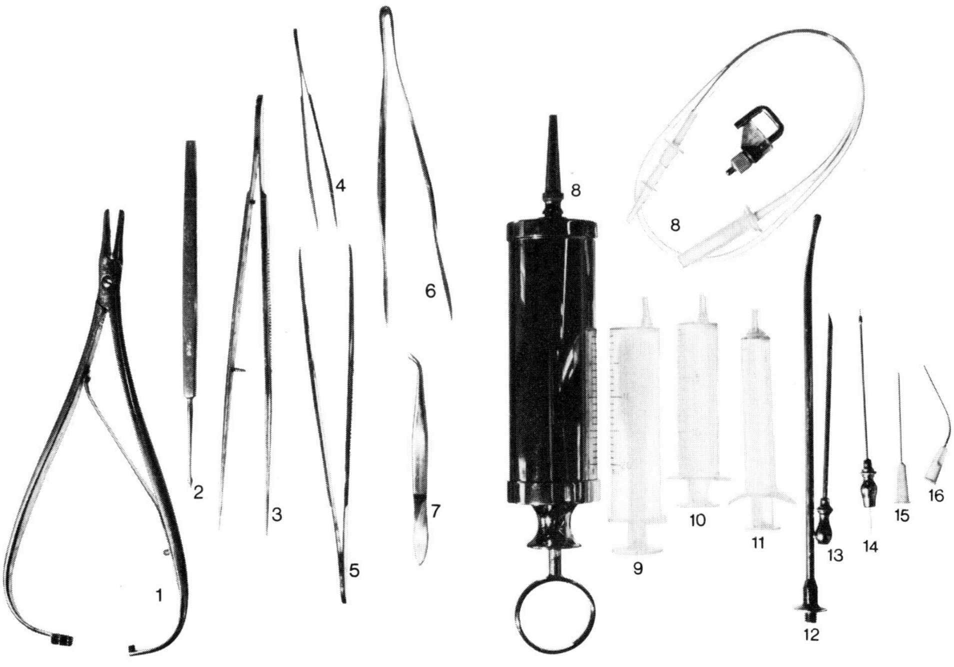

Perlonseide, dicker Zwirn, dünner Zwirn, schwarzer Zwirn; als Nadelaufbewahrer dient ein Stück Kork, darüber ein Nadelhalter mit eingeklemmter Wundnadel, gebogen.

Die auf den Seiten 13–15 abgebildeten Werkzeuge sind alle selbst gebaut und haben sich in jahrelangem Einsatz bestens bewährt: Montagegestell, dreiteilig, aus Vierkant-Eisenrohr mit Rostschutzbehandlung. Alle Teile sind jeweils nach rechts oder links verstellbar, so daß ein im oberen Teil verschraubter Fisch in jeder Lage festgehalten werden kann. Zum Anschrauben dienen Holzschrauben mit hart aufgelöteten großen Griffen, wie auch auf dem Foto sichtbar. Das angeschraubte Rohrstück dient als Halter des Montagedrahtes bei kleinen Fischen (s. Abb.).

Für die Zusammenfügung von Skeletteilen leistet der kurze Rohraufsatz ebenfalls gute Dienste (s. Abb.).

Die aufgelötete (hartgelötet) Mutter mit Schraube und aufgelötetem Griff dient zum sicheren Festhalten durchgeführter Drähte bis 6 mm. In der Abbildung sind die Kopf- und Brustwirbel eines Wallers zwecks Endmontage eingespannt.

Das große Montagerohr reicht für Drahtabstände bis 50 cm, unterteilt in 20–25–30–35–50 cm, und für Drahtstärken bis 8 mm. Montagebügel in obigen Abmessungen habe ich immer vorrätig. Dieses Rohr kann ebenfalls am Montagegestell befestigt oder auch allein im Schraubstock eingespannt werden. Sehr praktisch ist dazu auch ein kleiner, in jeder Drehung feststellbarer Schraubstock mit Gummisaugfuß und zwei verschieden großen Backen – praktisch ein Doppelschraubstock. Die Abbildung auf S. 14 zeigt das Gerät recht anschaulich.

Ein allseitig verstellbares Stativ, bestehend aus einem 12-mm- und einem 6-mm-Rohr sowie einer Fahrradspeiche mit zwei angelöteten langen Wundnadeln, ist sehr geeignet zum Einhängen von Präparaten in Lösungen oder Einbettungsmassen. Die zwei nebeneinanderliegenden Nadeln verhindern ein unerwünschtes Drehen des Objektes. Selbst wenn ich die aufgewendete Arbeitszeit hoch ansetze, kam das Stativ, Marke „Eigenbau", noch wesentlich billiger als ein vergleichbares gekauftes Stativ. Für die

Dreiteiliger Montagewinkel mit angeschraubtem kurzen Rohr.

Winkel und Rohr sind in jeder Lage verstellbar.

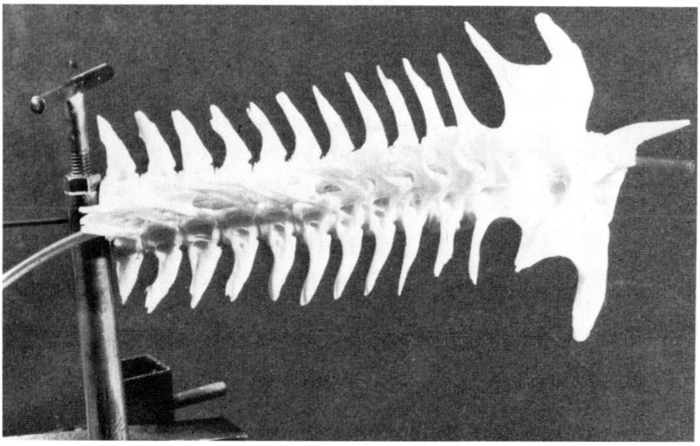

Detail der aufgelöteten Schraubvorrichtung.

Ausschäumung von Fischköpfen und ganzen Fischen ist zur Verhinderung von unnatürlichen Aufbauchungen eine verstellbare Form recht zweckmäßig. Die von Johann Hellauer gebaute Form besteht im einzelnen aus 3 starken Spanplatten, 4 Winkeln mit Längsschlitz an einem Schenkel, 8 Holzschrauben und 8 Gewindeschrauben mit Beilagscheiben und Flügelmutter. Für die Ausschäumung eines Fischkopfes wird die Schnittfläche mit einem

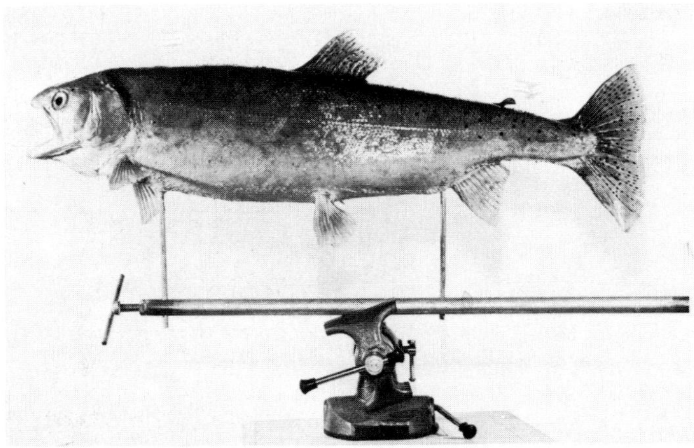

Das große Montagerohr mit vier verschiedenen Einspannbereichen.

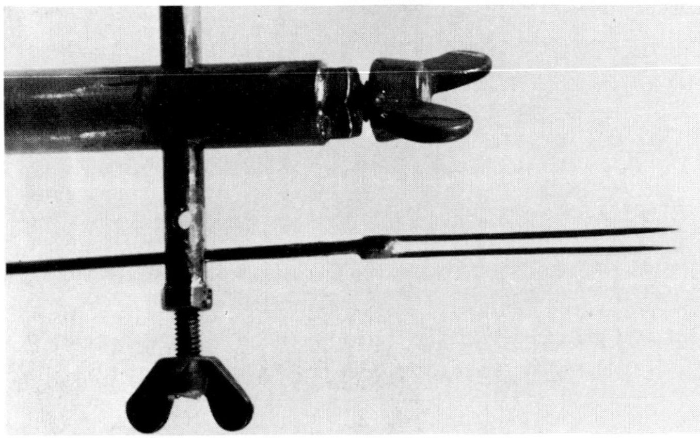

Details vom selbstgebauten verstellbaren Stativ.

genau körpergerechten Sperrholzbrett (16 mm stark) verschlossen und dieses in die Form eingespannt. Die Länge und Höhe der zwei seitlichen Spanplatten richtet sich nach dem erforderlichen Maß (s. Abbildungen S. 15).
So sehen die Führungswinkel der Form aus. Die ungleich lange Bodenplatte ermöglicht das Einspannen in senkrechter Lage in den Schraubstock. Für ganze Fische mit seitlicher Montage wird eine Seitenplatte gegen eine solche mit Bohrungen zur Befüllung und für die zwei Drähte ausgetauscht (s. Abb.).
Sehr wichtige Werkzeuge sind ferner:
Eine elektrische Mehrgangbohrmaschine, passend als Antrieb für Zusatzgeräte wie Stichsäge, Kompressor, mit biegsamer Welle und diversen Einsätzen für Bohr-, Schleif-, Fräs- und Polierarbeiten. Eine Eisensäge zum Kürzen der Drähte, einige Feilen und Raspeln, Schmirgelpapiere verschiedener Körnung, Schraubenzieher, Zangen, Hammer, Schrauben und Nägel und noch allerhand mehr, kurzum die üblichen Haushaltswerkzeuge. Eine Band- oder Tischkreissäge leistet für alle Sägearbeiten gute Dienste, ist aber nicht unbedingt erforderlich.

Verstellbare Form für PU-Ausschäumungen.

Details zur Form.

Details zur Form.

Pappbecher und Holzspateln zum Anrühren von Gießharz und PU-Schaum dürfen genausowenig fehlen wie Hilfs- und Stützmittel aus Holz und Pappe.
Drahtgeflechte, rechteckig, 1 mm stark, verwende ich für die Körperverlängerung bei Fischköpfen als Anglertrophäen, da diese Köpfe zumeist viel zu kurz abgeschnitten wurden. Ferner als Einlage bei sehr großen Fischköpfen von Karpfen und Waller.
Ein Gasbrenner zum Hartlöten mit Degussa-Silberlot macht es uns möglich, anfallende Hartlötarbeiten für Montagegestelle aus Draht und zum Bau eigener Einspannvorrichtungen auszuführen. Weichlötungen mit Zinn und Lötkolben weisen eine erheblich geringere Festigkeit auf.

Chemikalien

Für die Präparation von Fischen sind diverse Chemikalien für die unterschiedlichsten Zwecke notwendig. Im wesentlichen werden folgende Arbeitsgänge damit bewerkstelligt: Abtöten – Entschleimen – Entwässern – Entfetten – spezielle Bäder – Konservieren – Füllungen – Einbettungen – diverse Aufbewahrungen und andere mehr.
Nach der Methode um 1815 sind nur pulverisierter Kalk und Asche notwendig, und in einem kürzlich erschienenen Buch wird die Ansicht vertreten, das „Fell“ der Fische in einer gesättigten Salzlösung mit ganz wenig Alaun zu gerben, anschließend mit arseniksaurem Kali zu bepinseln und über einen geschnitzten Torfkörper zu ziehen. Im Zeitalter der Kunststoffe erscheint mir diese „Torfschnitzerei“ doch etwas veraltet und überholungsbedürftig.
Im wesentlichen soll hier nur auf die Vorzüge und Nachteile der Naß- oder Trockenpräparation verwiesen werden, da es sich dabei um die gebräuchlichsten Methoden handelt. Vom Ergebnis her gesehen kommt nur die Naßpräparation in Betracht, da die trocken präparierten Fische nach der Methode „Haut abziehen, vergiften und wieder montieren“ bestenfalls als das Werk eines „Ausstopfers“ angesehen werden können. Die Naßpräparation bringt den Vorteil, daß das Konservierungsmittel in flüssiger Form den Fisch total bedeckt und alle, auch die verdecktesten Stellen erreicht. Dadurch wird eine bedeutend bessere Konservierung möglich und bei Verwendung von fixierenden bzw. härtenden Mitteln der Schrumpfung vorgebeugt.
Als Universal-Konservierungsmittel schlechthin gilt das Formalin in seinen diversen Konzentrationen. Dieses „Wässerchen“ zeichnet sich durch einen beißenden, schleimhautätzenden Geruch aus und ist auch sonst giftig, weist im Lieferzustand eine Konzentration von etwa 40 % auf und muß vor Gebrauch auf etwa 2 bis 10 % verdünnt werden. Mit Formalin wird das Objekt nicht nur dauerhaft konserviert, sondern gleichzeitig auch fixiert

und gehärtet. Die Behandlung mit Formalin vereint also drei Arbeitsgänge in einem, allerdings ist eine spätere Lagekorrektur des Präparates wegen der härtenden Eigenschaft nicht mehr möglich.
Ein weiteres Konservierungsmittel für Fische ist Chinosol, das in Tabletten und Pulverform erhältlich und auch in gelöstem Zustand unbegrenzt haltbar ist. Chinosol findet seit langem in der Körperpflege Anwendung, ist ungiftig und völlig harmlos. Es verhindert die Ansiedlung und Vermehrung schädlicher Kleinstlebewesen, wie Bakterien und Pilze, hält Zersetzungsprozesse auf und wirkt nicht härtend und fixierend. Es läßt sich sehr gut als vorübergehendes Aufbewahrungsbad bei der Arbeitsunterbrechung verwenden. Es genügen Lösungen im Verhältnis 1:500, das sind 2 g Chinosol auf einen Liter Aqua dest. Für eine reine Chinosolkonservierung größerer Fische sind Lösungen von 1:100 bis 1:30 nach meinen Erfahrungen angebracht.
Von großer Bedeutung für die Fischpräparation ist der Alkohol – wohlgemerkt, nicht der trinkbare! Der gebräuchlichste unter den Alkoholen ist zwar der Weingeist (Äthylalkohol), der aber wegen seiner „königlichen" Besteuerung durch den Fiskus ausscheidet. Den Holzgeist (Methylalkohol) wollen wir auch nicht verwenden – er ist giftig. Danach verbleibt nur noch der Isopropylalkohol in einer Konzentration von 99 %, der einigermaßen preiswert und zum Paraffinlösen brauchbar ist. Oder in vergällter Form der Brennspiritus als immer noch billigster Alkohol, der zum Paraffinlösen jedoch ungeeignet ist. Im Alkohol können unsere Objekte, sofern sie gründlich entschleimt sind, sowohl aufbewahrt als auch konserviert werden. Auch für die Entwässerungsstufen bei verschiedenen Techniken wird Alkohol in steigender Konzentration angewandt, beginnend bei 50 % mit jeweiliger Steigerung um 10 %. Für die Konservierung in Spiritus ist eine Lösung aus 1 Teil Brennspiritus und 1 Teil Aqua dest. ausreichend, für eine ständige Aufbewahrung darin ist aber die konzentrierte Form zu wählen. Der bei der Alkoholkonservierung bei Fischen auftretende graue Schimmer ist belanglos und verschwindet beim Trocknen wieder – sofern gründlich entschleimt wurde.
Wasser ist nicht gleich Wasser. Je nach dem vorhandenen Kalkgehalt, meßbar in SBV (Säurebindungsvermögen) oder °DH (Grad Deutscher Härte), ist es mehr oder weniger weich und durchdringungsfähig. Bei mir ist das Leitungswasser relativ hart, und daher verwende ich für alle wässerigen Lösungen nur destilliertes Wasser, kurz Aqua dest. Für die Verdünnung von Schwerigal-Produkten z. B. ist Aqua dest. vorgeschrieben, darauf kommen wir noch zu sprechen.
Zur gründlichen Entschleimung der Präparate und auch zur Lösung von Blut eignet sich sehr gut Salmiakgeist, der in 25prozentiger und 30prozentiger Konzentration erhältlich ist. Es ist für die Atemwege, selbst bei stärkstem Schnupfen, nicht angenehm, wenn mit Salmiakgeist gearbeitet wird. Der Geruch von Am-

moniakgas NH_3 ist äußerst unangenehm, stärkeres Einatmen führt zu Atemnot und kann eine Ammoniakvergiftung nach sich ziehen. Anzeichen dafür sind: Hustenreiz, Rötung von Haut und Schleimhäuten und Bläschenbildung. Für das Entschleimen von Fischen genügt es, wenn 25prozentiger Salmiakgeist durch Wasserzugabe auf etwa 2,5 bis 5 % gebracht wird. Die Badedauer ist von der Dicke der zu lösenden Schleimschicht abhängig und kann 10 Minuten bis einige Stunden beanspruchen. Die dem Salmiakbad entnommenen Fische weisen zunächst wieder sehr deutlich ihre natürlichen Farben auf, so daß schon hier Rückschlüsse auf die spätere Farbgestaltung gezogen werden können.

Als starkes Gift sollte man Arsenik (Arsen[III]-oxid – As_2O_3 – nur in Form einer gesättigten Lösung, als Arsenikseife oder arseniksaures Kalium verwenden. In der Fischpräparation ist dieses gefährliche Gift gänzlich entbehrlich.

Acetonchloroform (Trichlorbutylalkohol) ist das gegebene Mittel, um Fische zu betäuben und auch beschädigungsfrei abzutöten. Dazu wird der Fisch mit feuchter Gaze umhüllt in eine flache Schale mit Wasser gebracht, dem anschließend das Acetonchloroform (flüssig und als Kristalle erhältlich) zugesetzt wird. Bei der Anwendung der flüssigen Form ist unbedingt darauf zu achten, daß das benutzte Gefäß aus Glas ist, sonst kann es Ihnen wie mir ergehen: Vor etwa 10 Jahren wollte ich Stichlinge präparieren, um sie anschließend in Kunstharz einzubetten. Zum Abtöten gab ich die ganze stachlige Schar in eine flache Schale aus Kunststoff, füllte Wasser auf und gab Acetonchloroform dazu. Zwischenzeitlich widmete ich mich anderen Aufgaben, und als ich nach kaum einer Stunde zurückkam, war die Schale verschwunden, und an ihrer Stelle ver(un)zierte eine klebrige Masse meinen Arbeitstisch. Was war geschehen? Das Acetonchloroform hatte die Kunstschale fast aufgelöst! Natürlich waren auch die Stichlinge mit dem klebrigen Zeug verschmiert und unbrauchbar.

Schwerigal-F-Fixierungslösung ist zum Abtöten und Fixieren gleichermaßen gut geeignet und erhält die natürlichen Farben der Fische. Diesem hervorragenden Mittel wird ein eigenes Kapitel gewidmet.

Schwerigal-F-Endlösung dient der dauerhaften Aufbewahrung von Präparaten in Glas- oder Plexiglasbehältern und wird ebenfalls extra beschrieben.

Polyurethan-Schüttelschäume, hauptsächlich die Type HR mit harter Oberfläche und 1:25 aufschäumend, dürften für Fischpräparationen immer mehr an Beliebtheit gewinnen. Ist es mit ihnen doch möglich, in kürzester Zeit bei geringstem Gewicht selbst große Fische auszuschäumen. Die dadurch stattfindende Entwässerung des Präparates kommt der nun wesentlich verkürzten Trockenzeit zugute. Es ist damit möglich, einen Fischkopf bei Schnellfixierung und späterer Heißtrocknung binnen 48 Stunden nach Präparationsbeginn als fertige Trophäe dem Kunden abzuliefern. Dies soll allerdings nur als extremes Beispiel erwähnt sein.

PU-Schäume müssen genau dosiert und im Verhältnis 1:1 (Härter/Schaum) mit einer Waage ausgewogen und schnell und gründlich vermischt dem auszuschäumenden Objekt eingefüllt werden. Dabei gilt es, den auftretenden Druck durch geeignete Formen unter Kontrolle zu halten.
Polyester-Spachtelmassen in der Handelsform – weichelastisch – ergeben das ideale Material für Kaschierungsarbeiten. Sei es nun zum Einsetzen der Fischglasaugen, zum Ausgleichen geschrumpfter Kopfpartien, zur Anfertigung künstlicher Körper oder sonstiger Arbeiten, diese Masse ist in der Regel in 10–20 Minuten ausgehärtet und bildet weder Ausbauchungen noch Risse. Für besonders intensive Haftung ist der vorherige Auftrag eines Haftgrundierharzes erforderlich. In Verbindung mit Glasfasermatten können Fische dünnwandig, aber enorm bruchfest auskaschiert werden.
Polyester-Gießharz – transparent – eignet sich für fast alle Einbettungsarbeiten trockener Gegenstände, wie bezahnte Kieferknochen, Schlundzähne, Flossen und Schuppen. Für ganze Fische ist es nur bedingt zu empfehlen, hier liefert „Schwerigal" bedeutend bessere Ergebnisse. In einen glasklaren Polyesterharzblock eingegossene Trophäen, auch Angelgeräte u. a. zur Sportfischerausbildung, gewinnen zusehends an Interesse, so daß der Fischpräparator auf solche Aufträge eingerichtet sein soll. Im Kapitel „Abgüsse" mehr darüber.
Paraffin(wachs) eignet sich in Verbindung mit Bienenwachs, 1:1 geschmolzen, wunderbar als Negativmasse für das Abgußverfahren, auch kann damit die Paraffinierung verschiedener Objekte durchgeführt werden.
Siliconkautschuk ist natürlich das Nonplusultra für die Abformtechnik, da er nach dem Härten eine hochelastische Form liefert. Siliconkautschukvulkanisate zeigen eine sehr starke Hydrophobie sowie eine ausgeprägte Antiklebe- und Trennwirkung. Daher ist zur Herstellung von Abgußformen für Fische keinerlei Trennmittel erforderlich. Mit diesen Negativen kann eine große Anzahl von Abgüssen vorgenommen werden. Als besonders geeignet erscheint der Wacker-Siliconkautschuk RTV-M 457 der Wacker-Chemie, der mit den Härtern T 37 für lange und T 40 für kurze Verarbeitungszeit zur Vulkanisation gebracht werden kann.
Bei 2 % Härterzugabe T 37 ist die Masse ca. 150 Minuten verarbeitungsfähig. Diese Zeit verringert sich bei 2 % Härterzugabe T 40 auf ca. 15 Minuten. Hier kann je nach den gegebenen Verhältnissen manipuliert werden. Eine einwandfreie und blasenfreie Negativform wird so erzielt, daß das abzuformende Modell mittels eines Pinsels dünn mit der katalysierten Masse bestrichen und dann das Vergießen aus großer Höhe in einem möglichst dünnen Strahl erfolgt. Der Hersteller empfiehlt, Formen aus RTV-M 457 vor dem Einsatz bis zu 48 Stunden offen liegen zu lassen, damit sich die mechanischen Eigenschaften voll ausbilden können und die höchstmögliche Abgußzahl erreicht wird.

Verwendungszweck	Stoff	Beschaffenheit/Konzentration v. H. Besonderheit
Abtöten der Fische	Acetonchloroform	10–30 % oder einige Kristalle in wenig Wasser lösen
Abtöten der Fische	Schwerigal – F –	80 ml konzentr. Lösung pro 1000 ml Aqua dest.
Entschleimen	Alaun oder Soda	10–25 % in warmem Wasser gelöst
Entschleimen	Salmiakgeist 25 %	auf 2,5–5 % in Wasser verdünnt, stechender Geruch
Entschleimen	Spiritus	30 % in wäßriger Verdünnung
Vorl. Aufbewahren	Alkohol	50 % nicht härtend, graue Schimmerbildung, aber harmlos
Vorl. Aufbewahren	Chinosol pulv.	1–2 % in wäßriger Lösung, nicht härtend
Vorl. Aufbewahren	Formalin	1–2 % in wäßriger Lösung, härtend!
Entwässern	Alkohol	50 % Anfangsstufe mit tägl. Steigerung um 10 %
Entfetten	Wund/Testbenzin	längeres Bad in unverdünnter Form
Entfetten	Äther	mit Wattebausch abreiben. Dämpfe betäubend!
Entfetten	Tetrachlormethan	Bad bis zum gewünschten Ergebnis
Kalt bleichen	Wasserstoffsuperoxyd	4–10 % als Bleichbad bis zum gewünschten Effekt
Warm bleichen	Wasserstoffsuperoxyd	5 % Wasserstoff + 25 g Bleichsoda pro l auf 40 °C
Konservieren	Alkohol	50–99 %, nicht fixierend
Konservieren	Chinosol	1 : 100 – 1 : 30 in wäßriger Lösung, nicht fixierend
Konservieren	Formalin	2–10 % in wäßriger Lösung, gleichzeitig härtend
Konservieren	Schwerigal – F –	80-ml-Lösung mit 1000 ml Aqua dest. verdünnen, Farberhalt
Konservieren	Arsenik	gesättigte Lösung, innenseitig einpinseln, Gift!!!
Ausschäumen	PU-Schaum, Typ HR	1 : 1 Schaum + Härter mischen, sofort verarbeiten
Auskaschieren	Polyester-Spachtel	1–3 % Härterpaste zugeben, Aushärtezeit 10–30 min
Auskaschieren	Molto-Fill/Gips	geschmeidiger Brei, mit Wasser anmischen
Auskaschieren	Polyesterharz	1–3 % Härterzugabe, mit Glasseide auslegen
Vorbereiten für Harzeinschluß	Styrol	3 Tage einlegen, Bad täglich erneuern
Einbetten in Harz	Polyesterharz GTS	mit 1 % Härter, keine Verdünnung, Anweisung beachten!
Gelatineeinschluß	Schwerigal – F –	50 g Schwerigalpulver, 1 l Aqua dest. auf 40 °C bringen. 30 ml Endlösung unterrühren. Fische behalten natürliche Farbe

Paraffinieren	Paraffin/Alkohol	1 : 1 im Wasserbad bei 42 °C schmelzen. Nicht überhitzen!
Betonen der Schuppen	Spiritus + Farbpulver + Bronzepulver	100 : 10 : 1 mischen, einpinseln, danach abbürsten
Grundieren	Kronengrund 121	tauchen oder satt auftragen, wirkt antibakteriell!
Grundieren	PU-Lack	mit Testbenzin verdünnen, tauchen oder aufpinseln
Lasieren	Kronengrund 121	in gewünschter Deckkraft mit Farbpulver mischen
Lasieren	PU-Lack	verdünnen und mit Farb- oder Bronzepulver versetzen
Lasieren	Nitrolack	100 : 5–10 mit Farbpulver mischen, eventuell verdünnen
Lacküberzug	Kunstharzlack glänzend od. seidenmatt	zweimal dünn und sorgfältig auftragen
Kunstharz + Kleber für . . .		
Künstliche Flossen	Stabilit-expreß	mit Härterpulver verrührt, im Wachsnegativ formen
	Polyester-Bauharz	3 % Härterzugabe, mit Glasfaser armiert, Negativ nötig
Künstliche Körper	Polyester-Spachtel weich-elastisch	pro Eßlöffel Masse einen cm Härterpaste zugeben, nach 10–30 min ausgehärtet. Mit Styrol verdünnbar
Reparaturen an Trophäen	Plastikmasse für Bildhauer/ Stabilit-expreß oder UHU-hart	nach Gebrauchsanweisung anwenden
Montieren von Flossen	Stabilit-expreß	in erforderlicher Dicke auftragen und mit Tesafilm fixieren. Klebeharz schrumpft und reißt nicht!
Montieren von Augen	Polyester-Spachtel	Augenhöhlen leicht überstehend füllen, Augen auflegen, in richtige Lage drücken, überstehende Masse nach dem Abhärten entfernen, Konturen mit Aceton nachwischen
Präparatenkästen verschließen	UHU-plus 300	Harz/Härter in zwei gleich langen Strängen vermischen und dünn auftragen. Mit Klebeband fixieren
Präparatenkästenverschluß sichern	Metallon KP 2082	Paste weiß + schwarz zu gleichen Teilen mischen und dick auftragen. Mit Leukoplast sichern
Schwerigalreste entfernen	Kalilauge 40 %	auftragen oder einlegen. Vorsicht, ätzend!
Lackreste entfernen	Universalverdünnung	mit Lappen auftragen + abwischen. Für frische Lackreste!
	Abbeizmittel	auftragen, mit Universalverdünnung waschen – alte Lackreste!
Polyesterharze verdünnen	Styrol	dem Harz bis zur gewünschten Konsistenz beimengen. Die Schrumpfung wird dadurch vergrößert
P-Reste entfernen	Aceton	nur in frischem Zustand möglich, solange nicht gehärtet. Feuergefährlich!
Abformen von Fischen (Negativ)	Siliconkautschuk	1–4 % Härter zufügen. Die Form bis 48 Stunden lagern
	Gips/Molto-Fill	mit Wasser dünn anrühren, eventuell mit Jute verstärken
Positivguß	Polyesterharz	2 % Härter zufügen, einfärben, Glasfasermatte einlegen
	PU-Schaum	1 : 1 Schaum + Härter verrühren, sofort ausschäumen
	Gips/Molto-Fill	dünnflüssig, Form füllen und wieder ausgießen, nochmals füllen und härten lassen

Stabilit-expreß ist ein schnellhärtender Zwei-Komponenten-Kleber auf Epoxidharzbasis und sehr gut zur Herstellung künstlicher Flossen und natürlich auch für Klebearbeiten geeignet. Stabilit ist mit Metalloxydfarben einfärbbar und wird in pastöser Kleberform mit Härterpulver in zwei verschiedenen Größen im Handel geführt.

Diverse andere Klebstoffe werden je nach ihrer Verwendbarkeit in den jeweiligen Abschnitten erwähnt.

Molto-Fill ist ein Zellulose-Werkstoff, welcher mit Wasser angerührt etwa eine Stunde verarbeitungsfähig ist, weder schrumpft noch reißt und als Spachtel- oder Abformmasse sofort in der gewünschten Stärke aufgetragen werden kann. Nach dem Abbinden und Austrocknen, erkennbar am weißen Farbton, kann Molto-Fill genau wie Holz oder Metall verarbeitet werden.

Bei den bis hierher aufgezählten Chemikalien handelt es sich um die zur Fischpräparation wichtigsten Mittel, ohne Berücksichtigung von Reinigungs- und Lösungsmitteln, wie Benzin, Aceton, Styrol u. a.

Rezepturen aus mehreren Chemikalien werden im Anschluß an die Tabelle auf S. 20–21 im einzelnen aufgeführt. Die Tabelle gibt im wesentlichen darüber Aufschluß, für welchen Zweck welches Mittel in welcher Beschaffenheit oder Konzentration verwendet werden kann.

Um die unangenehmen Formalindämpfe weitgehend zu vermeiden, können wir folgendes Gemisch verwenden:

1 Teil Formalin 40 %
1 Teil Aqua dest.
1 Teil Alkohol 99 %
1 Teil Glyzerin

Die Fixierungs- und Härtezeit wird dadurch verlängert.

Oder wir baden das Präparat nach der Fomalinbehandlung in warmem Wasser mit Prilzusatz (auf 5 Liter Wasser einen Spritzer Pril). Bei der Präparation mit PU-Ausschäumung ist das eben genannte Gemisch weniger gut geeignet, hier ist eine reine Formalinlösung 2–4prozentig vorzuziehen. Ich habe die Erfahrung gemacht, sogar mehrmals, daß bei alkoholkonservierten (Spiritus-) Präparaten der PU-Schaum einige Tage nach dem Ausschäumen seine Härte verlor und somit das Präparat zu schrumpfen begann.

Es kommt immer wieder, wenn auch selten, vor, daß Aalhäute von kapitalen Aalen als Wandschmuck präpariert werden sollen. Hier kann folgendes Gemisch zu guten Ergebnissen führen:

Aqua dest. 50 g
Bolus alba 60 g
Kernseife 10 g
Arseniksaures Natron 10 g
Kampferspiritus 6 g

Diese Zutaten zu einer salbenähnlichen Paste mischen und die Haut beiderseits dünn einreiben.
Für Lehrmittelsammlungen werden gelegentlich Innenorgane der Fische benötigt, die als Trocken- oder Naßpräparat oder auch in Abguß- oder Korrosionstechnik hergestellt werden können. Soweit die Einbettung nicht in Schwerigal vorgenommen wird, gibt es eine Reihe von Möglichkeiten. Als Korrosionsmasse für die Darstellung des Verdauungstraktes der Fische hat sich folgendes bewährt:

75 Teile Celluloid in Aceton gelöst
25 Teile Kaolin

Diese Masse wird mittels Injektionsspritze und großlumiger Kanüle in den gereinigten Verdauungstrakt injiziert. Nach einer etwa halbstündigen Fixierung in Alkohol (90 %) wird mit 30–40prozentiger Kalilauge korrodiert. Sehr gut eignen sich für diese Arbeit auch Polyester-Spachtelmassen, die mit Polyesterharz (Gießharz) und Styrol im Verhältnis 100:20:10 gemischt werden. Die Zugabe von Härterpaste muß hierbei allerdings ca. 2–3mal größer bemessen werden. Durch Zugabe von Farbpaste kann der Verdauungsablauf farblich dargestellt werden. Nach der raschen Aushärtung erfolgt die Korrosion in Salzsäure.
Einfärbungen der Blutgefäße z. B. am Magen oder der Galle eines Fisches sind nach vorheriger Spülung der Blutgefäße mit Kochsalzlösung, Alkohol oder der Ringer-Locke-Lösung möglich. Die eben genannte Lösung läßt man sich am besten in der Apotheke fertig zubereiten:

0,85	g Natriumchlorid
0,025	g Kaliumchlorid
0,02	g Natriumcarbonat
0,03	g Calciumchlorid
100,00	g Aqua dest.

Für einen Harzeinschluß wird man verdünnten farbigen Polyesterlack verwenden, während beim Schwerigal-Verfahren der Farbstoff, in Schwerigalmasse gelöst, in die Blutbahnen gespritzt wird. Um Ödeme zu vermeiden, ist nur mit ganz geringem Druck zu spritzen. Zweckmäßig wird hierzu eine Kanüle mit Olive eingebunden und ein Plastikschlauch dazwischengeschaltet. Gespritzt werden darf nur in Flußrichtung des Blutes.
Soweit die wichtigsten Chemikalien für normale Fischpräparationen und Einbettungen. Für wissenschaftliche Arbeiten wird eine Unmenge spezieller Mittel und Rezepturen benötigt, die den Rahmen dieses Buches sprengen würde. Hier sei auf die Zeitschrift „Der Präparator“ verwiesen, in der laufend wissenschaftliche Beiträge von Museen und Instituten veröffentlicht werden.
Für den Fall, daß einmal Gläser oder Fischaugen innenseitig mit einer Silberschicht versehen werden müssen, sei nachfolgendes Rezept aufgeführt:

Lösung 1: 6,0 g Silbernitrat; 2,8 g Ätznatron; 1000 ml Aqua dest.

Silbernitrat und Ätznatron getrennt in je 500 ml Aqua dest. auflösen. Sodann miteinander mischen – es entsteht eine dunkle wolkige Brühe. Jetzt so viel Salmiakgeist 25prozentig zufügen, bis die Lösung wieder glasklar ist. Die Lösung dunkel aufbewahren, da sehr lichtempfindlich.

Lösung 2: 1000 ml Aqua dest.; 8,0 ml konzentr. Schwefelsäure; 6,0 Eßlöffel Zucker.

Lösung 2 unbedingt der Reihenfolge nach mischen und 8 Minuten kochen lassen.
Anwendung: Lösung 1 und 2 erst vor Gebrauch in erforderlicher Menge 1:1 mischen und auftragen. Unter der Flamme oder im heißen Wasserbad (für Hohlgläser) versilbern.

Farben und Lacke

Leider muß beim Fischpräparieren (außer Schwerigal-Technik), im Gegensatz zu Vögeln und Säugetieren, doch recht beachtlich mit Farbe nachgearbeitet werden. Während allgemein dafür nur verdünnte Ölfarben empfohlen werden, habe ich im Lauf von 20 Jahren andere Erfahrungen gemacht. Mit der Ölmalerei bekommen die Fische einen recht stumpfen Glanz, und besonders bei Hechten und Zandern tritt nach längerer Zeit eine gewisse „Flossen- und Schuppensträube" auf. Kurzum, die Präparate verlieren ihr gefälliges Aussehen. In dieser Hinsicht wird sehr viel gesündigt; der Farbpinsel entweder zu zaghaft oder zu kräftig geschwungen. Ein Farbklischee für Fische, selbst der gleichen Gattung, kann es nicht geben. Hier nur ein kleines Beispiel: Die Fische aus dem kalten Inn sind hauptsächlich silbrigglänzend, mit selbst bei Salmoniden wenigen schwarzen Punkten und Tupfen. Fische der gleichen Art aus der Mangfall dagegen schillern in allen Farben des Regenbogens. Ganz klar, daß Innfische in dieser Art leichter zu präparieren sind.
Wenn ich davon ausgehe, daß der präparierte Fisch möglichst lebensecht aussehen soll, muß der verwendete Lack für den Schlußüberzug hochglänzend sein, weil ja der Fisch einen schützenden und gleitfähig machenden Schleimüberzug trägt – und Fischschleim ist nun mal glänzend!
In meiner Fischmaler-Werkstatt habe ich schon unzählige Farben und Lacke erprobt und bin letztlich doch immer wieder auf ganz bestimmte Farbarten zurückgekommen. Farbpulver in den Farben Schwarz, Braun, Ocker, Gelb, Grün, Weiß und Rot für lasierende Arbeiten mische ich in der erforderlichen Menge mit Kronengrund 121 und tupfe dies leicht auf. Für die netzartige Bänderung großschuppiger Fische wird das Farbpulver in Spiritus gelöst und gegen die Schuppen aufgetragen. Nachdem der Spiritus

verdunstet ist, wird die überschüssige Farbe abgebürstet und der Fisch farblos grundiert. Ein besonders reizvoller Effekt läßt sich erzielen, wenn man folgende Mischung verwendet: 100 ml Spiritus, 1 gestrichener Teelöffel Farbpulver – das der Grundfarbe des Fisches entsprechen muß – und eine kleine Messerspitze voll Gold- oder Silberbronzepulver werden gründlich vermischt, wie beschrieben aufgetragen und wieder abgebürstet. Der Fisch sieht im ersten Moment verheerend aus, man soll sich dadurch aber nicht ins Bockshorn jagen lassen. Eventuelle Bänderungen bei barschartigen Fischen sind noch vor der Grundierung in gleicher Technik aufzutragen. Sollten wir des Guten zuviel getan haben: Mit einem spiritusgetränkten Lappen ist das Farbpulver schnell wieder ausgewaschen. In gleicher Weise bringen wir bei Regenbogenforellen den violetten Längsstrich sowie alle Tupfen und Flecken bei anderen Fischen an.

Für den so typischen Metallschimmer der Fische kommt aus Gründen der leichten Verarbeitbarkeit und des Preises wegen Bronzepulver in vielen Farbnuancen und mehreren Feinheitsgraden in Betracht. Ich gehe hier davon aus, daß die meisten Fischpräparate aus Sportfischeraufträgen stammen und sich dadurch museumsgerechte Farbgestaltungen mit z. B. echtem Fischsilber aus preislichen Gründen nicht ausführen lassen.

In tabellarischer Form sind hier die gebräuchlichsten Bronzepulver dargestellt, wobei der Farbton und Metalleffekt von links nach rechts immer feiner und dunkler wird.

Silbertöne

Sorte	Lack LT	Lackschliff CT	Feinschliff GTT	Superschliff ULTRALUMIN
Standard Aluminiumpulver	+	+	+	+
Standard Silberbronze	+	+ (Silbercreme)		

Gold- und Farbtöne

Sorte	Lack LT	Lackschliff CT	Superdruck-schliff 9900	Feinschliff GTT
Reichgold	+	+	+	
Bleichgold	+	+	+	
Reichbleichgold	+	+	+	
Grüngold	+	+		+
Kupfer	+	+	+	
Citron	+	+		
Orange	+	+		
Feuerrot	+	+		
Fleischfarbe		+		
Seegrün	+	+		
Violett	+			

Die Farbbronze-Pulver, die alle untereinander mischbar sind, haben unterschiedliche Deckkraft, besonders bei Silbertönen tut man schnell des Guten zuviel. Für den Auftrag der Bronze bieten sich zwei Möglichkeiten an: das Auftupfen und das Aufhauchen. Wichtig ist, daß der Fisch schon vorgrundiert wurde. Für mit PU-Harz ausgeschäumte Fische verwenden wir zur Grundierung nur mit Wundbenzin verdünnten PU-Lack. Mehr darüber im Kapitel über PU-Schäume. Zu beachten ist bei der Verarbeitung von PU-Lack (auf Polyurethan-Basis), daß dieser je nach Raumtemperatur in 30–60 Minuten staubtrocken wird und dann das Bronzepulver nicht mehr bindet.

Auftupfen: Der hauchdünn farblos vorlackierte Fisch erhält den erwünschten Metallschimmer durch Auftupfen des jeweiligen Bronzepulvers mit einem weichen Pinsel. Hierzu verwendet man für kleine Tupfen und Striche einen Retuschierpinsel, sonst einen Flachpinsel. Es darf jede Stelle nur einmal ganz sacht betupft werden, da sonst der Bronzepulverauftrag zu kräftig wird. Fische mit besonders intensivem Metallschimmer auf Kopf und Rücken (Salmoniden, besonders der Huchen) erlauben es, das Farbpulver, bestehend aus 2 Teilen Kupfer, 1 Teil Seegrün und einem Teil Reichgold (für Inn-Huchen), direkt dem Lack für Kopf und Rükken beizumischen. Eine Beimengung von wenig Farbpulver in Grün, Braun, Gelb oder ganz wenig Schwarz läßt jeden möglichen Zwischenton auftreten.

Aufhauchen: Diese Technik erfordert schon ein wenig Übung, gibt dafür allerdings auch die schönsten Resultate. Zur Übung kann folgendes getan werden: Ein Stück weißer Karton, etwa Postkartengröße, wird in der Mitte mit einem Tupfen Lack versehen. Nun versuchen wir, eine ganz kleine Menge Farbe (Stecknadelkopf) von der Spitze eines Messers aus ca. 15 cm Entfernung auf den Lack aufzublasen. Dies ist nicht ganz einfach. Für das Aufhauchen läßt sich auch ein Puderzerstäuber verwenden, jedoch ist hierbei die Dosierung nicht so genau.

Viele Fischarten haben auf den Kiemendeckeln einen zarten Metallglanz, der beim Zander silbrig bis blau, beim Hecht grün bis violett, bei der Regenbogenforelle braun bis fleischfarben, beim Huchen kupfrig bis rotgoldfarbig ist. Diese Farben können je nach Gewässerbeschaffenheit und Lebensumständen (Laichzeit) erheblich voneinander abweichen. Der Glanz verblaßt in aller Regel beim Trocknen nach dem Präparieren und muß erneuert werden. Dazu wird das trocken gemischte Bronzepulver mit eventuellem Farbpulverzusatz in kleinsten Portionen von der Spitze eines blanken Gegenstandes, wie Skalpell oder Spatel, aus 10–15 cm Entfernung auf die vorher mittels Lackauftrag klebrig gemachten Kiemendeckel aufgehaucht. Diese Arbeit ließe sich sehr schön auch mit einem Aerograph, einer Art Kleinstsprühpistole, ausführen, der allerdings nur Flüssigkeiten versprüht und von einem Druckaggregat oder Kompressor abhängig ist. In den allermeisten Fällen wird der Präparator nicht über eine solche Einrichtung verfügen. Hier lohnt sich dann die Anschaffung eines Kompressors in Heimwerkerqualität zur vorhandenen Bohrmaschine. Eine weitere Möglichkeit stellt das Versilbern oder Vergolden mittels Blattsilber oder Blattgold dar, die nur der Vollständigkeit wegen erwähnt werden soll.

Aus der Vielzahl der angebotenen Lacksorten kommt für den Fischpräparator nur der farblose Lack in matter, seidenglänzender oder hochglänzender Oberfläche in Betracht. Farblos deswegen, weil unsere ganze Malerei nur in lasierenden Farbtönen vonstatten geht, da sonst die Oberflächenstruktur der Fische nicht mehr sichtbar wäre. Zu beachten ist ferner, daß nicht alle Lacke beliebig übereinander verarbeitet werden können, z. B. kann Ölfarbe auf Nitrolack aufgetragen werden, jedoch nicht umgekehrt – da die Nitroverdünnung die Ölfarbe angreift. Es ist ein guter Grundsatz, sich anzugewöhnen, nur Öllack, Nitrolack oder PU-Lack zu verarbeiten, oder, wie ich es mache, nur eine Spezialgrundierung mit antibakterieller und pilzfeindlicher Wirkung – Kronengrund – und Polyurethan-Lack zu verwenden. Beide Mittel sind farbmischbar und vertragen sich in der Reihenfolge Grundierung – Lack ausgezeichnet. – Kronengrund kann, falls erforderlich, mit Spiritus verdünnt werden, wenn die Isolierwirkung erhalten werden soll, und greift in dieser Konsistenz weder Hartschaum noch Styropor an. Bei einer Bearbeitung mit Nitroverdünnung sind diese Eigenschaften nicht mehr gegeben. PU-Lack wird am besten mit Test- oder Wundbenzin verdünnt und ist erforderlich für besondere Ausnahmen. Die Tabelle auf S. 28 soll die Arbeit mit Lack erleichtern.

Als abschließendes Beispiel für das Kapitel „Farben und Lacke" möge der „Malvorgang" bei einem präparierten und schon getrockneten Hechtkopf dienen.

Um den Fischkopf allseitig mit einem schützenden Überzug zu versehen, wenden wir das Tauchverfahren an. Ein genügend großer und dicht verschließbarer Plastikeimer wird zur Hälfte mit der zur Anwendung kommenden Grundierung gefüllt, z. B. 2 Teile Kronengrund 121 und 1 Teil Spiritus oder 7 Teile PU-Lack und 3 Teile Benzin. Dort hinein kommt der Fischkopf, Dekkel drauf und ein paarmal sachte schwenken. Sodann wird das Objekt entnommen und darf mehrere Stunden trocknen. Diese Tauchgrundierung verhindert später die Bildung jeglicher Gerüche, sei es nach Fisch oder Formalin.

Mit 10prozentig verdünntem PU-Lack wird nun der Auftrag der erforderlichen Farb- und Bronzetöne vorgenommen, der Rachen weiß und die sichtbaren Kiemenbögen blaßrot gestrichen. Nach Möglichkeit sollten bei dieser Behandlung die vielen Zähne nicht bekleckst werden – angemalte Fischzähne sind häßlich.

Nach wiederum erfolgter Trocknung wird die letzte Schicht PU-Lack aufgetragen. Der Lack ist dünn und sehr sorgfältig zu verstreichen, um die Bildung von Abrinnspuren und Tropfen zu vermeiden. Die Flossen erhalten, je nach dem Grad ihrer Feinheit,

Lackart	verdünnbar mit	farbmischbar	besondere Eigenschaften	Hauptverwendung
Kronengrund 121	Spiritus	mit Farbpulver mit Bronze	antibakteriell + pilzfeindlich, Sperrgrund	Grundierung von Fischpräparaten
Nitrolack	Nitro- und Universalverdünnung	wie oben	für alle Arbeiten geeignet	schnelltrocknende Lackierungen
Polyurethanlack	Test/Wundbenzin weniger mit Nitro	wie oben 10–15 %	hoch beanspruchbare, hart-elastische Oberfläche	Ideal-Lack für Fischpräparate
Schellackmasse	Alkohol 80 % auflösen	gering	wird für Isolierungen vor Blattsilberauftrag verwendet	
Firnis	Terpentin	gering	wird als Haftmittel für Blattsilber und Gold verwendet	
Polyesterlack	Styrol	Polyesterfarbpasten	für Präparate, die in Gießharz kommen	Gießharztechnik
Lasierfarben auf Kunstharzbasis	Nitro- und Universalverdünnung	schon eingefärbt	z. T. antibakteriell nur 1 Auftrag nötig	Grundierung der Schilder und Sockel
Öllack Luftlack	Terpentin	ja	langsam trocknend	Oberflächenlackierung
Ölfarben	Terpentin	untereinander mischbar	Künstlerfarben	Malarbeiten und Retuschen
Zwei-Komponenten-Versiegelungslack	nein	nein	harte + feste Oberfläche	Versiegelungen von Trophäenschildern

noch einen oder mehrere Lacküberzüge; sie werden dadurch elastisch fest und bruchunempfindlich. Der so behandelte Hechtkopf kann später bei Bedarf jederzeit feucht mit einem Lappen und einem Spülmittel gereinigt werden, denn er ist feuchtigkeitsunempfindlich. Außerdem wird es bei einem PU-Lack-überzogenen Fischkopf nicht passieren, daß sich die ursprünglich anliegenden Schuppen aufstellen und dem Präparat das Aussehen einer Holzraspel verleihen.

Augenwahl

So richtig „zum Leben erweckt“ wird selbst die beste Fischpräparation erst mit dem Einsetzen der arttypischen Augen, die in Größe, Farbe und Form der Pupille und Iris stimmen müssen. Ich habe mir seit vielen Jahren angewöhnt, die selbst gefangenen Fische fotografisch zu verewigen, und es ist kaum zu glauben, fast alle Fische haben unterschiedliche Augenfarben. Besonders auffällig scheint mir der Unterschied bei den Hechten, hier habe ich Irisfarben von Grau, Grün, Braun, Gelb, Rötlich und Violett in den verschiedensten Nuancen festgestellt, aber auch die Salmoniden wiesen häufig eine individuelle Augenfarbe auf, die es bei der Präparation zu berücksichtigen gilt.
Von kaum zu übertreffender Qualität sind die Konkav-Konvex-Fischaugen, kurz CC-Fischglasaugen genannt, der Firma Karl Lange in Herzogenaurach, die es zum Selbstmalen und mehrfarbig bemalt gibt. Der Preis der bemalten Augen ist etwa viermal höher als der der unbemalten. Dies ist aber durchaus verständlich für die sehr mühevolle Arbeit der Augenmalerei, die nur dann selbst ausgeführt werden soll, wenn genügend Erfahrung vorhanden ist und man über geeignete Abbildungen in Form von Farbdias oder Fotos verfügt.
Aus Gründen der wesentlich billigeren Vorratshaltung und auch der absolut lebensgetreuen Wiedergabe bin ich dazu übergegangen, CC-Fischglasaugen nur noch selbst zu colorieren. Natürlich findet diese Mehrarbeit ihren Niederschlag im Preis, aber meine Kunden tolerieren dies ausnahmslos. Ich bin ehrlich genug zuzugeben, daß ich für die Augen eines Großhuchens einmal drei Stunden brauchte, die ich in diesem Fall aber nicht berechnen konnte – der Preis wäre sonst etwas zu happig geworden. Für die Bemalung der Fischaugen verwende ich nur Farbbronzepulver in über dreißig verschiedenen Tönen, die mittels einer geeigneten Trägermasse aufgebracht werden. Mehr darüber im Farbkapitel.
Die folgenden von der Firma Lange erarbeiteten Augentabellen sind eine brauchbare Hilfe.
Für Fisch-Trophäen gibt es keine Augengrößen-Tabelle, aber Erfahrungswerte nach dem Gesamtgewicht des Fisches. Unter einigem Vorbehalt kann diese Aufstellung als Hilfsmittel dienen:

Augenwahl

Gew. kg	Zander (00)	Huchen (01)	Hecht (02)	Forelle (03)	Karpfen (04)	Dorsch (05)	Wels (01)
1,0	10/12	10/12	12	10/12	10		
1,5	12	12	12	12	10/12		
2,0	14	14	14	12/14	12/14		
3,0	16	16	16	14/16	14	14	
4,0	16/18	16/18	16/18	16	16	16/18	10
5,0	18	18	18	16/18	16/18	18	10
6,0	18/20	18/20	18/20	18	18	20	10/12
7,0	20	20	20		18	20	12
8,0	20/22	20/22	20/22		18/20	20/22	12
9,0	22	22	22		20	22	14
10,0	22/24	22/24	22/24			22/24	14
12,0			24				
15,0			26				
20,0			28/30				

Hechtköpfe stehen unangefochten an der Spitze aller Fischtrophäen. Es gibt aber genug Sportfischarten, die andere Augenfarben aufweisen. Zwar können bei weitem nicht alle gesondert angefertigt werden. Deshalb geben wir für unser Sortiment diese Empfehlung:

Art.-Nr. 160 CC-Fischglasaugen, geeignet für

Farbe 00	01	02	03	04	05
Zander (blasse Pupille)	Huchen Wels/ Waller Hornhecht Quappe Nase Kaulbarsch u. a.	Hecht Döbel Aland Äsche Barbe Brachse Blei Rapfen Makrele u. a.	Forelle Plötze/ Rotauge Rotbarsch Schleie Rotfeder u. a.	Karpfen Aal Karausche Lachs Barsch B.-Saibling u. a.	Dorsch Seeforelle/ Silberlachs u. a.

CC-Fischglasaugen werden derzeit in folgenden Größen gefertigt: 10, 12, 14, 16, 18, 20, 22, 24, 26, 28, 30 mm mit unregulärer Pupille. Größere Augen werden nur in Sonderanfertigung hergestellt. Den Bedarf an Augen der Größen 3–9 mm decke ich mit Kristallaugen am Draht, die ich hauptsächlich für Aale, kleinere Waller und Weißfische verwende, da für diese Fische die Augen ab 10 mm zu groß sind.
Den richtigen Augenwert für die jeweilige Trophäe ermitteln wir vor der Präparation mit einer Schieblehre, da sich die Augenhöhlen beim Trocknen in der Regel vergrößern. Bei frisch gefangenen Fischen dient uns das natürliche Auge als Malvorlage zur Ermittlung der richtigen Farbtöne. Anders ist es bei gefrosteten Präparaten, hier sind die Farbtöne stark verändert und führen zu

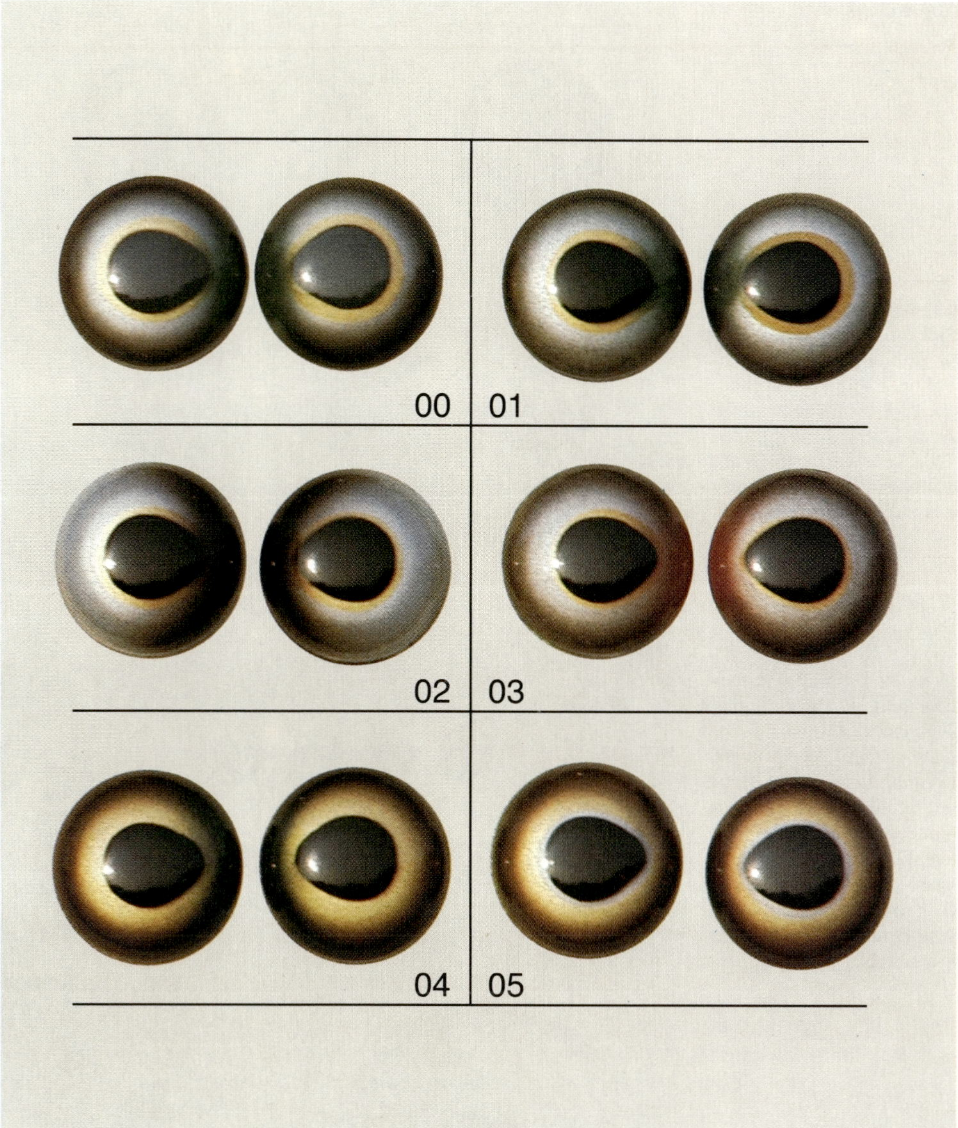

Auf die Augenwahl kommt es wesentlich an, soll der Fischkopf echt wirken. CC-Fischglasaugen werden farbig (s. Foto) und unbemalt angeboten. Es gehört viel Erfahrung und Fingerspitzengefühl dazu, die Fischaugen selber zu kolorieren. (Foto: Otto Volgmann)

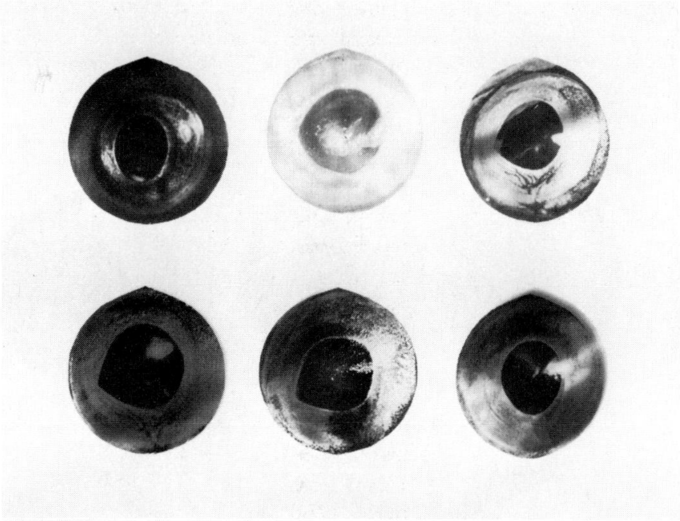

Obere Reihe (v. l. n. r.): Karpfenauge, Zanderauge, Bachforelle. – Untere Reihe: Saibling, Äsche, Brachse. Diese Bilder von echten lebenden Fischaugen sollen als Anhaltspunkte für den Helligkeitswert der Fischaugen und für die besondere Form der Pupille dienen.

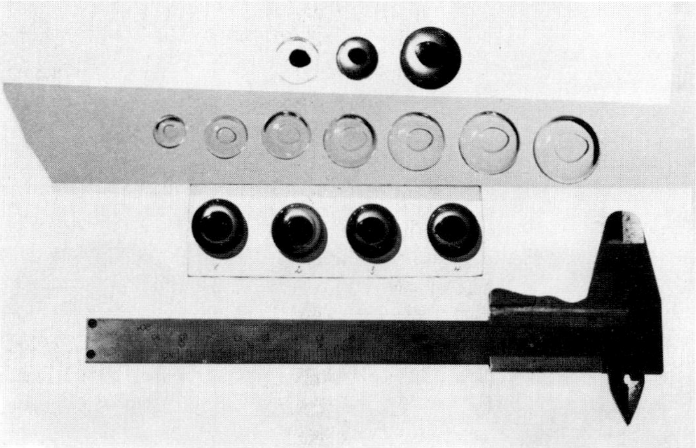

Obere Reihe: Selbst bemalte Augen. – Mitte: Sieben CC-Fischglasaugen unbemalt, in den von mir am meisten benötigten Größen. – Untere Reihe: Vier bemalte CC-Fischaugen einer Größe als Bestellmuster der Fa. Lange. Eine Schieblehre ist zur richtigen Ø-Bestimmung bei Augen unerläßlich.

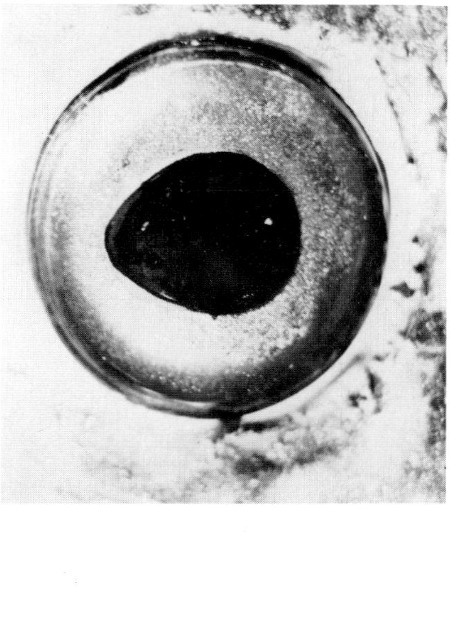

Links: Hechtauge, 28 mm, selbst bemalt. Die Spitze der Pupille muß bei Hechten nach vorne zeigen. – Rechts: Das Auge darf in keinem Fall zu tiefliegend eingesetzt werden. Der natürliche Blickwinkel der Fische von ca. 180° ist zu berücksichtigen.

Augenwahl

Fehlschlüssen. In diesem Fall greife ich lieber zu fotografischen Vorlagen. Die Augenfotos der am häufigsten zu präparierenden Fischarten sollen diese Arbeit erleichtern.
Eine andere, ganz wichtige Sache ist der richtige Sitz der Fischaugen. Der Blickwinkel eines Fisches beträgt pro Auge annähernd 180°, also fast eine Rundumsicht. Dieser Umstand muß bei der Augenmontage berücksichtigt und die Augen niemals zu tief liegend eingesetzt werden. Ich verwende für diese Arbeit am liebsten eine Polyesterharz-Spachtelmasse, die, leicht überstehend, in die zuvor entfetteten Augenhöhlen und Backen eingefüllt wird. Die CC-Augen kommen auf diese Masse und sind mit leichtem Druck in die gewünschte Lage zu bringen. Nach etwa 10 Minuten können der überstehende Rest abgenommen und die Konturen mit einem acetongetränkten Zellstoff angeglichen werden. Anhaftende Spachtelmasse ist damit leicht entfernbar. Die an sich graue Masse ist mit Polyesterfarbpaste in allen Farben einfärbbar, so daß bei Musterpräparationen für Gießharzblöcke keine weitere Bemalung erforderlich ist – wenn Fische nachträglich eingegossen werden sollen.
In besonderen Ausnahmefällen kann es nötig werden, Fischaugen selbst anzufertigen, wenn z. B. der krankhafte Ausdruck von Glotzaugen einer Abnormität im Präparat wiedergegeben werden soll. Hier habe ich mit folgender Methode gute Ergebnisse erreicht:
Die Augenpartie mit Schwerigal-Fixierlösung F umspritzen, so daß das Auge ein wenig hervortritt. Sodann den Kopf in Schwerigallösung für einige Stunden einhängen, bis das Auge fixiert ist. Der Vorteil von Schwerigal liegt darin, daß am und im Auge keine Farbänderungen auftreten. Dem Fixierbad entnommen und vorsichtig trockengetupft, wird nun vom Fischauge eine Schwarzweiß-Aufnahme oder besser ein Farbdia angefertigt, sodann wird vom Auge ein Negativabguß in Paraffin/Bienenwachs oder Siliconkautschuk angefertigt.
Diese Negativform wird später mit hochtransparentem Polyester-Gießharz schalenförmig ausgegossen. Die Schalenform erreichen wir durch das Einhängen einer mit Trennlack behandelten Glas- oder Kunststoffkugel. Das Bemalen erfolgt rückseitig mit Farbbronzen und PU-Lack. Besser ist es allerdings, wenn die Pupille zuvor noch mit eingefärbtem Gießharz gegossen wird, sie weist gegenüber der gemalten Pupille mehr Tiefe und Leben auf. Beim späteren Einsetzen dieser Gießharzaugen ist sehr darauf zu achten, daß keine Spachtelmasse an den sichtbaren Teil des Auges gelangt, sonst wird die Augenoberfläche angegriffen. Es darf nur mit PU-Lack oder Ölfarbe gearbeitet werden – keinesfalls mit nitroverdünnten Farben, denn Nitro löst Polyesterharze auf.

Kapitel 2 Einfachst-Präparate

Für die ersten Gehversuche als Fischpräparator und zur Weckung der Leidenschaft bieten sich einzelne Fischteile wie Schuppen, Flossen, Schlundzähne und Kieferknochen an, die, gefällig aufgemacht, durchaus ein Blickfang sein können. Es ist aber auch ein realer Gedanke bei dieser Geschichte, denn Schuppen und Flossen sind oft recht brauchbare Ersatzteile für beschädigte Fischtrophäen.

Die dem Fisch zur Stabilisierung und Fortbewegung seines Körpers dienenden „Anhängsel", die Flossen, bilden bisweilen eine reizvolle Bereicherung unserer Trophäensammlung. Allerdings eignen sich durchaus nicht alle Flossen, sondern eben nur ansehnliche und aussagekräftige Objekte, wie die Fahne (Rückenflosse) der Äsche, Rücken- und Afterflossen von Hecht und großen Weißfischen, die großen Brustflossen und natürlich auch die stachligen Rückenflossen von Zander und Barsch; selbstverständlich auch mißgestaltete Flossen als Raritäten.

Die zur Präparation bestimmten Flossen werden möglichst tief, das heißt im Rumpf, ausgelöst. Dies geschieht am einfachsten mit einem Skalpell und einer kräftigen Schere. Fleischreste an der Flossenbasis werden sorgfältig abgekratzt, wobei keineswegs die Haut zwischen den einzelnen Flossenstrahlen beschädigt werden darf.

In einem Bad aus 500 ml Wasser und 25 ml Salmiakgeist (25prozentig) müssen die Flossen gründlich eingeweicht werden (Badedauer etwa 15 Minuten), nur so ist eine gründliche Entschleimung möglich. Anschließend werden sie unter fließendem Wasser gespült, bis der Geruch von Ammoniak verflogen ist.

Die eigentliche Konservierung erfolgt nun in einem 2prozentigen Formalinbad (1 Teil Formaldehyd plus 20 Teile Aqua dest.), bei einer Badedauer von mindestens 24 Stunden. Um den Flossen oder auch Schuppen die gewünschte Form und Halt zu geben, müssen wir die Flossen zwischen 2 Papp- oder Furnierholzplättchen klemmen, wobei die Plättchen mit zwei Büroklammern fixiert werden.

Mit einer Pinzette wird das Präparat dem Formalinbad entnommen und sofort unter fließendem Wasser gründlich gespült. Sodann werden sorgfältig die Stützmittel entfernt und die Flosse wiederum mit klarem Wasser gespült, um Formalinrückstände gründlich zu entfernen. Ein nachgeschaltetes Aceton- oder Alkoholbad fördert die Entwässerung, ist aber nicht zwingend notwendig. Bis hierher ist der Konservierungsgang bei jedem Verfahren gleich, doch nun kommen Unterschiede.

Die Flosse als Trockenpräparat

Bei dieser wohl gebräuchlichsten Art werden die Flossen unmittelbar nach der Wässerung und einem eventuellen Alkoholbad wieder zwischen zwei Plättchen geklemmt, mit Klammern fixiert und getrocknet. Sollten die Flossen einmal zu Reparaturzwecken verwendet werden, ist eine sofortige Bemalung nicht ratsam, es genügt vielmehr eine einmalige Grundierung mit z. B. Kronengrund. Sollten sie aber als Trophäen gedacht sein, werden sie naturgetreu bemalt mit z. B. Plaka-Farben und nach dem Trocknen zweimal farblos lackiert.

Die Paraffinierung

Bei dieser Methode wird die schon oben erwähnte Alkoholstufe planmäßig bis zur völligen Entwässerung durchgeführt. Dazu beginnen wir mit der 50prozentigen Anfangsstufe (1 Teil Aqua dest. plus 1 Teil Isopropylalkohol), in der die Flossen einen Tag verbleiben. Wichtig ist, daß die Flossen während der ganzen Alkoholbehandlung zwischen den Plättchen geklemmt bleiben, wobei diese jedoch vor jeder Alkoholsteigerung erneuert werden müssen.
Am zweiten Tag wird der Alkoholgehalt des Bades auf 60 % erhöht, am dritten Tag auf 70 % und so weiter bis zur konzentrierten Endstufe, in der die Trophäe noch einige Zeit bleibt. Ein gutes Hilfsmittel wäre in diesem Fall ein Alkoholmeter, das uns den Konzentrationsabfall anzeigt.
In der Endstufe erwärmt man das Alkoholbad im Wasserbad auf etwa 40°C. In der Zwischenzeit wird die Isopropyl-Paraffinstufe im Verhältnis 1:1 bei 42°C geschmolzen und in diese Lösung die vorgewärmte Trophäe getan, worin sie etwa 2 Stunden bleibt. Hernach erfolgt die eigentliche Zellfüllung in flüssigem Paraffin bei rund 50°C Wärme. Die angegebenen Wärmewerte sollten möglichst eingehalten werden. Keineswegs darf das Wachs erkalten oder gar überhitzt werden.
Nach der Paraffinierung werden die Flossen dem Bad entnommen und für kurze Zeit zum Abtropfen auf Fließpapier gelegt. Es folgen sodann etwaige Retuschen sowie das Kolorieren und der abschließende Lacküberzug.
In der bisher beschriebenen Art werden auch Schuppen präpariert, wobei diese jedoch ausschließlich als Trockenpräparat verarbeitet werden.
Kieferknochen und Schlundzähne sind nur äußerst schwer aus dem rohen Fischkopf zu lösen, die Zähne brechen leicht ab, und Fingerverletzungen der Präparatoren sind an der Tagesordnung.
Wie geht nun das zweckmäßige Auslösen der Trophäe vor sich? Die natürlichste und bequemste Art wäre, den Fischkopf den roten Waldameisen zur Säuberung zu übergeben! Aber wer hat schon diese gründlichen Insekten gerade dann zur Hand, wenn er sie benötigt? Es bleibt also nichts anderes übrig, als selbst den Fischkopf zu entfleischen. Dazu wird der Kopf 15 Minuten in leicht kochendes Salzwasser gelegt und hernach mit kaltem Wasser gespült. Jetzt kann der Fischkopf mühelos in seine Einzelteile zerlegt und die gewünschten Knochen entnommen werden.

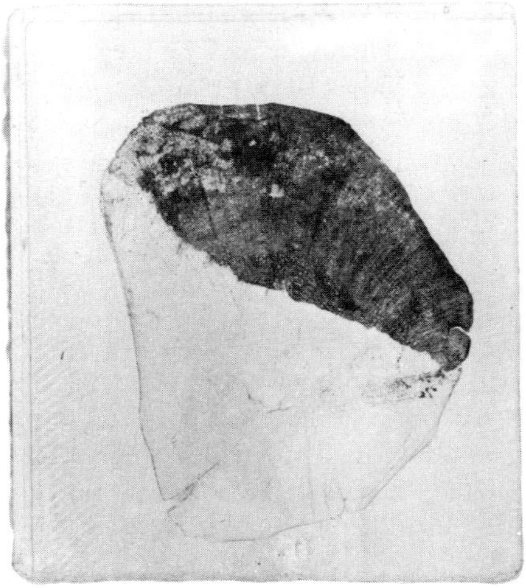

Links: Kunstharz-Einschluß einer großen Karpfenschuppe; der Harzguß erfolgte in zwei Schichten. – Rechts: Schlundzähne von Aitel und Nasen. Guß in zwei Schichten. Erste Schicht blau eingefärbt mit Polyester-Farbpaste.

Durch die Kochstufe sind die bezahnten Kopfknochen allerdings noch nicht absolut sauber geworden. Kleinere Fleischreste zwischen den einzelnen Hechelzähnen, die sich hartnäckig der Säuberung entzogen haben, werden erfolgreich mit einer Zahnbürste entfernt. Für ganz schlecht zugängliche Hohlräume, dies gilt besonders für Schlundzähne, muß wohl auch einmal eine gebogene Nadelspitze herhalten. Auch muß der Verbindungsknorpel zwischen den beiden Kieferhälften entfernt werden. Diese kleine Arbeit erfolgt am besten mit dem Skalpell. Zwischendurch werden die Kopfknochen hin und wieder mit Wasser abgespült und damit die losgelösten Fleischrestchen entfernt. Dem letzten Spülwasser werden 25 % Alaun, Soda oder Kochsalz zugesetzt, um eine gründliche Entschleimung zu erreichen. Es hat sich als zweckmäßig erwiesen, dieses Bad handwarm anzuwenden, da dadurch die Reinigungskraft erhöht wird.

Um die Gebisse rein weiß zu bekommen, ist eine Entfettungs- und Bleichstufe ratsam.

Die abgetrockneten Knochen kommen in einen Behälter mit Wundbenzin, worin sie, unter gelegentlichem Schwenken, eine Stunde oder mehr bleiben. Hernach kommen sie für einige Tage in eine 4prozentige Wasserstoffsuperoxydlösung oder beim warmen Bleichvorgang in eine 5prozentige Lösung, welcher pro Lösung 25 g Bleichsoda zugesetzt werden. Dieses Bad wird auf 40 °C erwärmt, wobei die gewünschte Ausbleichung nach einigen Stunden erreicht ist. Anschließend werden die Knochen gründlich unter fließendem Wasser gespült. Die Trocknung der Kopfknochen wird selten länger als 2 Tage dauern. Sollten sich während des Trocknens einige Zähne gelockert haben, können sie ohne viel Mühe mit einem guten Kunstharzkleber dauerhaft geklebt werden. Genauso werden jetzt die beiden Zahnknochenhälften in ihrer ursrprünglichen Lage wieder miteinander verbunden, wobei der entfernte Verbindungsknorpel durch Kunstharz-

Eingegossene Große Libelle in einer Schicht. Der Boden wurde nachträglich mit grün eingefärbter Spachtelmasse aufgetragen. Die tote Libelle wurde vorher nur einen Tag in Styrol gelegt, sonst erfolgte keinerlei Konservierung.

kleber ersetzt wird. Natürlich lassen sich diese Gebisse auch in jeder anderen Form als Dekorationsstücke arrangieren. Als Trokkenpräparate müssen die Kieferknochen jetzt nur noch grundiert und anschließend farblos lackiert werden. Sollte eine Einbettung in Kunstharz vorgesehen sein, so darf keine Lackierung erfolgen. Dies gilt auch für Schuppen und Flossen, da Polyester-Gießharz Lacke angreift.

Die Anwendung der Kunstharztechnik erfordert gegenüber der Herstellung von Trockenpräparaten etwas mehr zeitlichen und finanziellen Aufwand. Allerdings sind im Kunstharz eingebettete Fischteile weitgehend vor Beschädigungen sicher und brauchen für „alle Zeit" keinerlei Wartung mehr – ausgenommen ein gelegentliches Staubwischen. Aber, und das ist der wunde Punkt, geändert kann nach dem Einbetten nichts mehr werden, und wenn Spannungsrisse auftreten, ist die Arbeit im Eimer.

Sind also alle Vor- und Nachteile der Kunstharztechnik sorgfältig gegeneinander abgewogen und soll trotzdem eine Einbettung vorgenommen werden, ist es ratsam, die porösen Stellen der gebleichten und gut getrockneten Gebisse mit Alabastergips oder, noch besser, mit Polyester-Spachtelmasse zu verschließen. Sehr gut eignet sich auch Zahnzement für diese dentistische Arbeit. Nachdem alle Poren luftfrei verschlossen wurden, kann mit feinem Schmirgelpapier geglättet werden. Wenn wir nun das Objekt für kurze Zeit in verdünntes Gießharz legen (Polyester-Gießharz wird mit Styrol verdünnt) und anschließend sofort einbetten, kann fast nichts mehr schiefgehen.

Die zum Einbetten nötige Gießform (Formen gibt es zu kaufen) wird mit Trennwachs oder -lack innenseitig behandelt und mit der ersten, mit 2 % Farbpaste eingefärbten, ca. 10 mm dicken Harzschicht ausgefüllt. Nachdem das Harz geliert ist, legt man die Knochen mit leichtem Druck mit den Zähnen nach oben darauf. Gleichzeitig muß jetzt der mit Tusche beschriftete und kurz

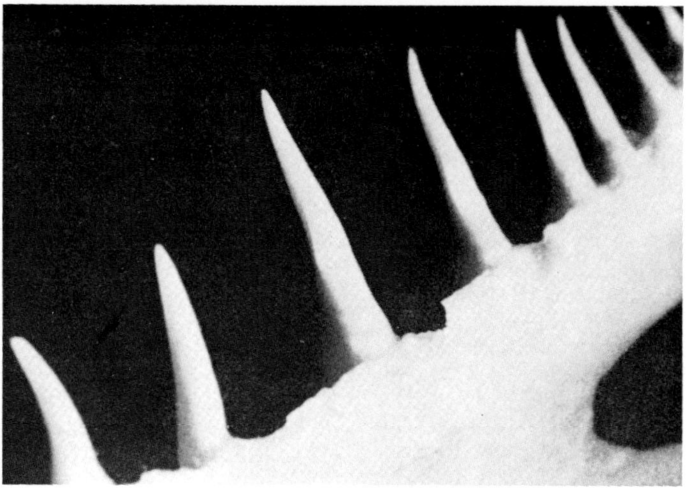

Ein Hechtunterkiefer als Präparat. Die Zähne wirken wie Dolche.

in Styrol geschwenkte Karton mit den gewünschten Angaben auf das Harz gelegt und festgedrückt werden. Die Einfärbung der ersten Schicht entfällt natürlich, wenn der ganze Block transparent gewünscht wird. Nachdem die Reaktionswärme abgeklungen ist – aber erst dann –, kann die zweite und letzte Schicht aufgebracht werden. Dazu wird die erforderliche Harzmenge mit höchstens 1 % Härter vermischt und so lange kühl stehengelassen, bis alle Luftblasen entwichen sind. Sodann wird mit diesem Harz/Härtergemisch die Gießform randvoll gefüllt und eine Hostaphanfolie oder gewachste Glasplatte ohne Luftblaseneinschluß seitlich über die ganze Gießform geschoben. Diese Abdeckung bewirkt eine schöne und glatte Oberfläche und bleibt bis zur vollständigen Aushärtung auf dem Block.

Nachdem der Harzblock vollständig erkaltet ist, können wir ihn aus der Gußform lösen. Durch eine mehrmalige Wechselbadbehandlung in heißem und kaltem Wasser verbessern wir die Qualität der Oberfläche. Jetzt werden die Kanten abgeschliffen und in die Rückseite zwei kurze und dünne Löcher für den Aufhänger gebohrt, der mit UHU-plus eingeklebt wird. Eine abschließende Reinigung in einem Rei- oder Prilwasserbad beendet das Experiment mit dem Gießharz.

Anmerkung: Ich empfehle, auf alle Fälle der dem Gießharz beiliegenden Gebrauchsanweisung des Herstellers Folge zu leisten, nur so lassen sich Mißerfolge vermeiden.

Den Kristovoss Gießharzpackungen 1 + 2 liegt das Büchlein „Eingießtechnik mit Polyester“ mit allen wichtigen Angaben bei. Der Preis für die Packungen lag 1984, je nach Größe, zwischen 50,– und 90,– DM.

Der Fischkopf

Noch immer stellen Fischköpfe den Hauptanteil der zu präparierenden Fischarbeiten dar. Ganz besonders der Hechtkopf ist die wohl am meisten in Auftrag gegebene Sportfischer-Trophäe – kein Wunder, der Hecht wird zahlenmäßig an erster Stelle in größeren Exemplaren gefangen. In Prozenten dargestellt, verteilen sich bei mir die Fischkopf-Präparationen etwa jährlich so:

Hecht	60 %	in Gewichten von 1,5 bis 18,0 kg
Forellen	20 %	darunter jährlich 3–4 Großhuchen über 15 kg
Karpfen	10 %	von 4,0 bis 16,0 kg
Zander	3 %	hauptsächlich um 5,0 kg
Waller	3 %	zwischen 10,0 und 40,0 kg
Sonstige	4 %	Schied, Barben, Barsch, Döbel
	100 %	

Von den anfallenden Fischköpfen sind viele durch Schlag, Stich und Schnitte mehr oder weniger stark beschädigt, meine Aufzeichnungen weisen für 1974 folgendes aus:

tadelloser Zustand	21 %	
leicht beschädigt	56 %	
schwer beschädigt	22 %	
unreparabel	1 %	stark angefault
	100 %	

Ich bin überzeugt, daß es bei anderen Präparatoren so ähnlich aussehen wird. Nach dem Grad der Beschädigung steigt bei mir der Preis bis zu einem Aufschlag von 50 % für schwer beschädigte Köpfe. Mit dieser Methode gelingt es mir, den Sportfischern die schonende Behandlung zur Präparation vorgesehener Trophäen anzugewöhnen. Einen bestimmten Anteil der Auftraggeber gewinnt man als Stammkunden. In der Regel dürfte dies bei 2/3 aller neuen Kunden der Fall sein, sofern sie mit der angefertigten Trophäe zufrieden sind. Maßgebend dafür ist meiner Ansicht nach nicht ein billiger Schleuderpreis, sondern eine tadellose Arbeit.

Nach dem Grade der aufzuwendenden Arbeit teile ich Fischköpfe in 3 Schwierigkeitsgrade (leicht, mittel, schwer) ein, wobei bei gleicher Größe ein Preisunterschied von je 10–20 % auftritt.

Gruppe *leicht* präparierbare Fische: Hecht, Zander, Barsch.

Gruppe *mittelschwer* präparierbare Fische: alle Salmoniden, Döbel, Schied, Schleie, Aal, Nase.

Gruppe *schwer* präparierbare Fische: Waller/Wels, Karpfen, Barbe, Brachse, Rutte.

Die Präparation eines Fischkopfes macht folgende Arbeitsgänge notwendig: Entfleischen, Entschleimen, Konservieren, Füllen, Kolorieren, Montage. Ich werde für jeden der erforderlichen Arbeitsgänge für verschiedene Fischköpfe alle erforderlichen Werkzeuge, Hilfsmittel und Chemikalien angeben.

Für die PU-Ausschäumung gelten folgende Schaummengen vom Typ HR für normal abgeschnittene und nicht beschädigte Fischköpfe:

Fisch-Gesamtgewicht	Polyurethan-Schaum-Menge
bis 4 kg	40 g
bis 6 kg	50 g
bis 8 kg	100 g
bis 10 kg	150 g
bis 15 kg	180 g
bis 18 kg	200 g
darüber	Inhalt feststellen und durch 20 teilen

Diese Richtlinien gelten, wenn die Ausschäumung in einer Form vorgenommen wird, kein Schaum durch Körperöffnungen abfließen kann, eine nicht verschlossene, obenliegende Befüllöffnung vorhanden und der Schaum nicht überaltert ist. Polyurethan-Schaum ist, bei einmal geöffneten Behältern, nur höchstens 6 Monate lagerbar. Hernach erfolgt zwar noch ein Aufschäumen, der Schaum fällt aber später wieder in sich zusammen. Der Vorteil des PU-Schaumes liegt in der Arbeitserleichterung und dem extrem geringen Gewicht. Ein Hechtkopf von einem 17,3 kg schweren Fisch, Kopfgewicht 6,4 kg, wiegt nach der Präparation – ohne Holzschild – kaum mehr als 1,8 kg.
Doch nun die Präparation der Reihe nach. Für alle Fischköpfe gilt der gleiche Ablauf, vorausgesetzt, daß der Fischkopf fangfrisch oder gefrostet und schon aufgetaut ist.
a. Mit einem Wasserstrahl wird der gröbste anhaftende Schleim sowie Blut und Schmutz abgespritzt. Danach mit Zellstoff trokkentupfen.
b. Mit der Schieblehre den Augendurchmesser ermitteln und notieren, ebenso die Augenfarbe und eventuelle Besonderheiten.
c. Zum Entfleischen beginnen wir mit dem Durchtrennen der Gräten und dem Herauslösen der Wirbelsäule bis zum Schädel. Jetzt kann in Rückenlage des Präparates das ganze Rückenfleisch und Fett mit dem gebogenen Schlingenkratzer mühelos entfernt werden, ohne daß die Haut und Pigmentschicht beschädigt wird. Mit dem scharfen Löffel wird das Hirn ausgeräumt und rings um den Schlund das überschüssige Gewebe gelöst. Dabei dürfen keinesfalls die Haut zwischen der Körperhöhle und den Kiemen und der Schlund verletzt werden. Nach einer Drehung in die Seitenlage wird auch hier alles Gewebe von der Haut gelöst, notfalls wird mit der gebogenen Schere nachgeholfen. Die Brustseite mit den Flossenwurzeln macht besonders behutsames Arbeiten nötig. Alle Flossenmuskulatur und eventuelle Knorpel sind zu entfernen, nicht jedoch die Kiemen! Mit dem scharfen Löffel kann bis weit unter das Zungenbein ausgeräumt werden. Die Augen werden mit einem kleinen Skalpell umschnitten und mit einer kräftigen Moskitoklemme aus den Höhlen gezogen, wobei Augenmuskel und Sehnerv durchtrennt werden. Die Backen sind

Ein Musterbeispiel dafür, wie es nicht gemacht werden soll. Das Werk eines „Ausstopfers".

gründlich und tief über die Augenhöhlen mit dem scharfen Löffel auszuräumen. Bei karpfenartigen Fischen werden die Kiemen und der gesamte Kopfinhalt (auf Schlundzähne achten, da begehrte Anglertrophäen!), bei Salmoniden die oberseitigen Kopfknorpel bis zur Schnauzenspitze entfernt. Bei einem Waller (Wels) ist der Unterkiefer recht fleischig und muß extra behandelt werden. Mehr darüber im Waller-Kapitel.

d. Der so ausgeräumte Fischkopf wird abgespült und zur gründlichen Entschleimung in ein Wasser-Salmiak-Bad verbracht. Die Entschleimung kann als beendet betrachtet werden, wenn das Wasser schleimig trüb geworden ist. Hernach wird wieder unter fließendem Wasser gespült.

e. Vor der Konservierung in 2–5prozentigem Formalin-Aquadest.-Gemisch müssen nur die Flossen gespreizt und der Rachen in der gewünschten Öffnung fixiert werden. Eine Konservierungsdauer von 24–48 Stunden reicht völlig aus, wenn anschließend ausgeschäumt wird. Das Formalinbad ist bei Fischköpfen allen anderen Methoden überlegen, mit Ausnahme der Fixierungslösung –F– Schwerigal, die im Gegensatz zum Formalin zu keinerlei Farbverlusten am Präparat führt.

f. Nach Beendigung der Konservierung wird die Flossen- und Rachenfixierung entfernt und gründlich gespült, hernach kommt der Fischkopf in ein warmes Spülmittelbad zur Lösung noch anhaftender Fettspuren und Formalinrückstände. Erst jetzt wird der Schlund verkürzt und vernäht, ebenso vorhandene Beschädigungen. In der nicht durch Formalin gehärteten Haut reißt die Naht sehr leicht aus! Bei größeren Löchern lohnt das Einnähen von dünnen Lederteilen, das gleiche gilt für lange Nähte, die so wirksam verstärkt werden.

g. Für die Ausschäumung muß der Fischkopf mit einer den natürlichen Maßen des Fisches entsprechenden Sperrholzplatte rückseitig verschlossen werden. Dieses Sperrholzbrettchen, ca. 16 mm stark, muß also genau die Körperform des betreffen-

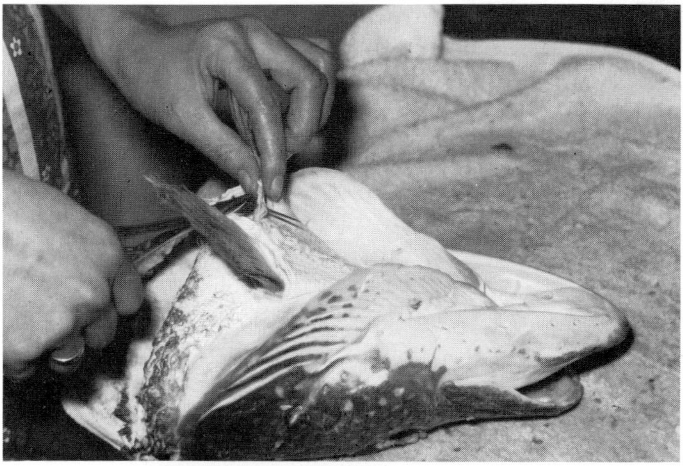

Näharbeiten erst nach der Härtung mit Formalin vornehmen. Frauen können meistens besser nähen als Männer.

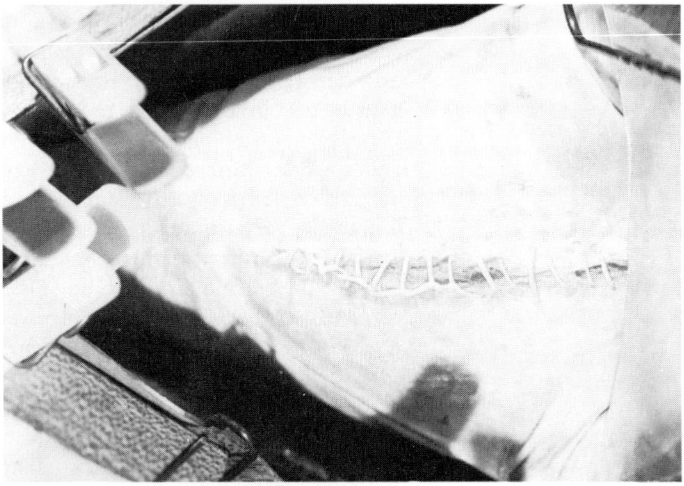

Diese Naht hält dem Ausschäumungsdruck stand, zumal ein Lederstreifen unternäht wurde.

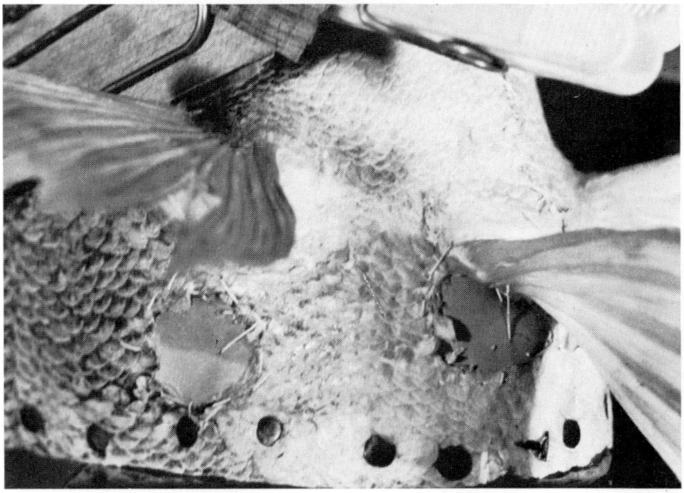

In Löcher näht man Lederflecke (Handschuhleder) ein.

den Fisches aufweisen. Beim Hecht z. B. 16 cm hoch und 12 cm breit, oben weniger und unten mehr abgerundet, bei einem Huchen fast rund bis oval und bei einem Karpfen mit rundem Bauch und am Rücken spitz zulaufend. So hat jede Fischart ihren eigenen, typischen Körperquerschnitt, der selbst bei der Fischkopf-Präparation beachtet werden muß. Also, dieses Brettchen bekommt im oberen Drittel eine etwa 16-mm-Ø-Bohrung zur Befüllung und wird in den Fisch eingesetzt und mit breitköpfigen Nägeln ringsum befestigt. Hecht und Zanderköpfe können, wenn kurz abgeschnitten, ohne Form ausgeschäumt werden. Fischköpfe, die zu kurz abgeschnitten wurden und praktisch auf den Kiemendeckeln sitzen, bekommen zwecks Verlängerung ein Drahtgitter eingenäht, können aber nicht mehr ausgeschäumt werden.

h. Zur eigentlichen Ausschäumung werden noch vorhandene Körperöffnungen, wie Augen, Maul und Kiemendeckel, mit Zellstoff abgedichtet und notfalls mit einer Mullbinde gesichert. Jetzt wird der Kopf nach unten aufgehängt, der erforderliche PU-Schaum mit einer Waage 1:1 abgewogen, mit einem Holzspatel rasch und gründlich vermischt und in den Fischkopf eingefüllt. Wer diese Arbeit erstmalig verrichtet, soll dabei Plastikhandschuhe tragen – der Schaum läßt sich nur sehr schwer wieder von den Händen entfernen. Der rasch aufsteigende und an der Befüllöffnung hervorquellende Schaum kann mit einem Zellstoffpfropfen so lange zurückgehalten werden, bis die gewünschte Körperform erreicht ist. Nach wenigen Minuten wird der Schaum fest, es ist aber tunlichst zu vermeiden, am Fischkopf Druckproben vorzunehmen, ehe der Schaum gänzlich durchgehärtet ist, häßliche Dellen wären sonst die Folge. Nach etwa 15 Minuten kann der überschüssige Schaum entfernt werden, der auf dem Fischkopf nicht haftet. Auf der Sperrholz-Oberfläche muß er mit einem Messer abgeschnitten werden, gleichzeitig werden überstehende Hautreste entfernt. Durch die Druckentwicklung beim Ausschäumen hat sich der Kopf weitgehend selbst entwässert, was durch eine kleine Wasserlache am Boden sichtbar wird.

i. Aus vier Teilen Molto-Fill und einem Teil Wasser bereiten wir eine knetbare Masse für die Füllung von Backen und Augenhöhlen vor. Diese Masse eignet sich auch zur Ausfüllung der drahtgitterverlängerten Köpfe. Die Backen sind sorgfältig, aber ohne großen Druck zu füllen. Nicht dabei übertreiben! Sonst entstehen sehr leicht entstellende Schweinsbacken. Mit dem gleichen Material wird bei Salmoniden der Kopf bis zur Schnauzenspitze hin gefüllt. Für größere Forellen, hauptsächlich aber Huchen und Lachse, die stark fetthaltig sind, verwende ich für die Backen und Augenhöhlen leicht verdünnte Polyester-Spachtelmasse (Gero-weichelastisch), die sehr schnell aushärtet und kein Fett aufnimmt. Gips und andere Füllmassen werden mit der Zeit vom Fett durchsetzt, und es kommt nach längerer Zeit zu unangeneh-

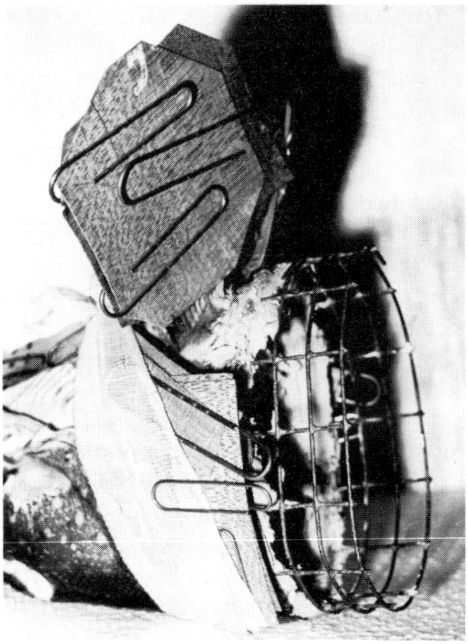

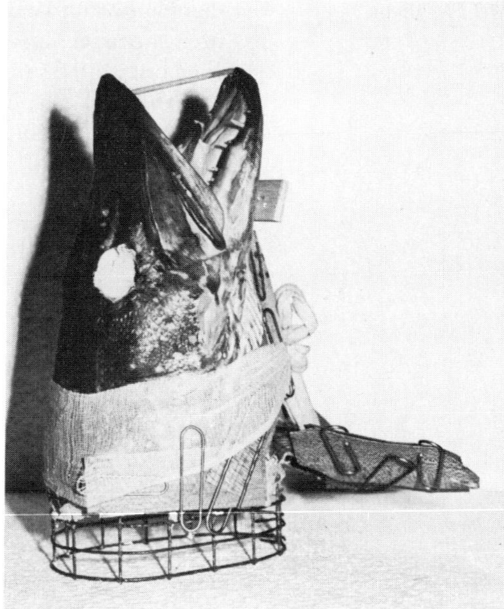

Links: An zu kurze Fischköpfe nähen wir zwecks Verlängerung ein Stück Drahtgitter. Die beiden Furnierplättchen zur Flossenfixierung sind in versetzter Holzfaserrichtung angelegt, damit sie sich nicht wellen können. – Rechts: Bei der Kiemendeckelstellung muß die spätere Stärke des künstlichen Körpers berücksichtigt werden.

Links: Anfänger in der PU-Schaumverarbeitung sollten Plastikhandschuhe tragen – der flüssige Schaum ist sehr klebrig und die Komponente B giftig. – Mitte: Bald nach dem Einfüllen quillt der Schaum aus allen Öffnungen. – Rechts: Durch Papierlagen werden die Kiemenöffnungen vor dem Schaum geschützt und die Augenhöhlen verschlossen.

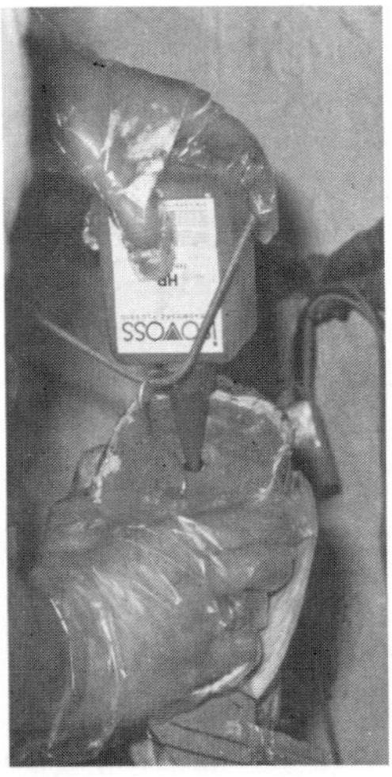

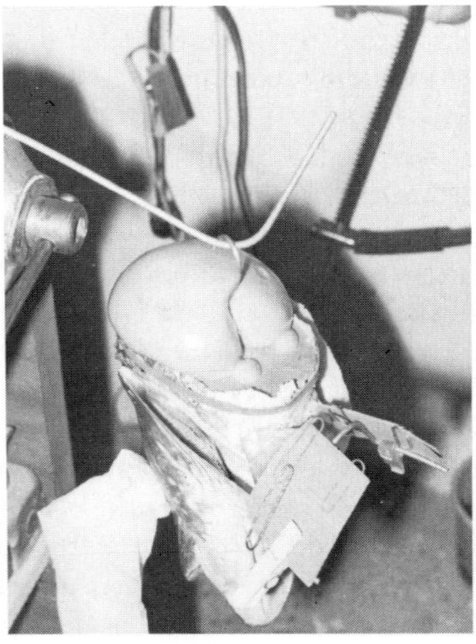

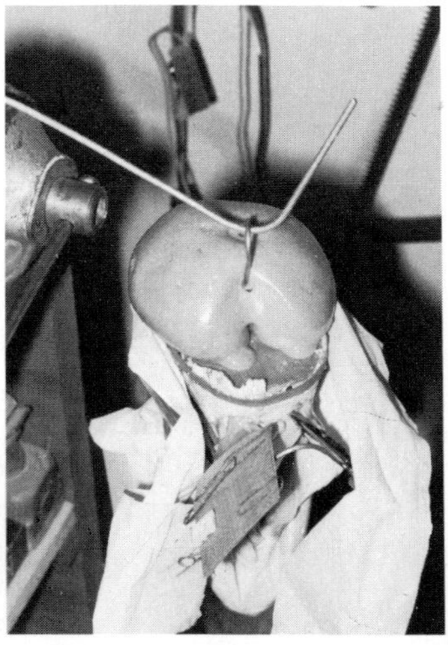

men Gerüchen und Fettabsonderungen. Die CC-Fischglasaugen setzen wir erst nach der erfolgten Trocknung ein.

j. Um ein Verziehen der Flossen und Kiemendeckel zu unterbinden, sind Stützmittel in geeigneter Form notwendig. Ich verwende dazu hauptsächlich Furnierholz-Plättchen, die jahrelang benutzbar sind und mit Büro- oder Wäscheklammern fixiert werden. Für die Querspreizung des Unterkiefers bei Raubfischen finden federnde Metallbügel Verwendung, man kann aber auch eine Holzlatte mit zwei Stahlnägeln nehmen. Die fixierten Flossen werden zusätzlich noch mit einem gebogenen Blechstreifen im richtigen Abstand zueinander gehalten. Die bei vielen Fischkopf-Präparaten breitflächig zum Kopf hin ausgerichteten Brustflossen stehen in absolut unnatürlicher Lage. Die richtige Lage ist: Brustflossen schräg nach unten und außen – Flossenfläche weist in Körper-Längsrichtung. Die brustständigen Bauchflossen bei barschartigen Fischen dagegen zeigen mit ihrer Breitseite quer zum Körper. Der Rachen wird zum Trocknen mit einem Holzstäbchen offen gehalten (nur bei Raubfischen) und die beiden Fanglappen mit einem Zellstoffröllchen unterlegt. Um den Kiemendeckeln die gleiche Form zu geben, legen wir, entsprechend der gewünschten Öffnung, zwei Korkstreifen unter und umwickeln den Kopf und die Kiemendeckel mit einer Mullbinde. Noch immer werden viele Raubfische mit geöffnetem Rachen und ganz geschlossenen Kiemendeckeln präpariert. Dies ist ebenso unschön wie falsch. Wenn ein Raubfisch seinen Rachen weiter als zum Atmen nötig öffnet, werden gleichzeitig auch die Kiemendeckel angehoben und unter Umständen weit geöffnet. Man sollte dies schon in Betracht ziehen und sich bemühen, den Fischköpfen ein natürliches Aussehen zu geben. Von nicht minderer Bedeutung ist die Maulstellung bei Friedfischen, und hier ganz besonders das rüsselförmige Maul bei Karpfen und Brachsen. Am leichtesten geht es noch, wenn diese beiden Fischarten mit geschlossenem Maul präpariert werden. Bei offener Stellung bin ich mit gutem Erfolg dazu übergegangen, die gesamte Maulpartie nach dem Trocknen und Schrumpfen neu zu formen, worüber mehr im Abschnitt „Karpfen“ stehen wird.

k. Die notwendige Trocknung des Fischkopfes kann in natürlicher Weise auf dem Trockenboden im Sommer, im Heizkeller im Winter oder in einer Heißluftkammer allgemein erfolgen. Die einfachste Form einer Heißluftkammer stellt der Backofen im Elektroherd dar, besser geeignet ist allerdings eine Holzkiste mit angeschlossenem Heizlüfter auf der einen und Entlüftungslöchern auf der anderen Seite. Ich habe im Haus eine zentrale Warmluftheizung und kann daher der Heizkammer jederzeit benötigte Heißluft entnehmen. Wenn ein Fischkopf bei normaler Lufttrocknung im Sommer 3 Wochen benötigt, ist das in der Heißluftkammer in 1–4 Stunden erledigt. Hinzu kommt noch der erwünschte Entfettungseffekt bei Salmoniden, die man am besten mit dem Kopf nach unten in die Kammer hängt, damit das

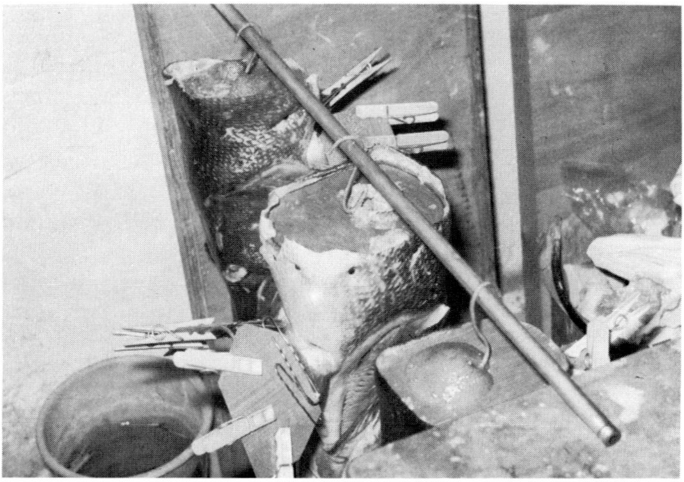

Zur Arbeitserleichterung können mehrere Fischköpfe in Serie ausgeschäumt werden.

Fett aus dem Kopf besser abtropfen kann. Es ist klar, daß bei dieser Behandlung keine Plastikklammern zur Flossen- und Kiemenfixierung verwendet werden dürfen; sie sind nicht hitzefest! Der Polyurethan-Schaum-Füllung macht das nichts aus, denn PU-Schaum ist hitzefest bis etwa 140°C – in ausgeschäumtem Zustand. In flüssiger Form sind beide Komponenten feuergefährlich, frostempfindlich und die Komponente B giftig.

l. Nach erfolgter Trocknung entfernen wir alle Stütz- und Fixierteile und schaben die Augenöffnungen auf etwa 5 mm Tiefe aus, und zwar so, daß ringsum unter der Haut die Füllung entfernt ist. Bei einer Backenfüllung in Kunstharz ist dies nicht erforderlich, hier genügt eine allgemeine Vertiefung für den richtigen Augensitz. Die beiden Augenhöhlen sind mit Aceton und Zellstoff gründlich zu reinigen, und die Augen werden entsprechend der Anleitung im Kapitel „Augenwahl" eingesetzt. Naht- und Flickstellen, auch eingenähte Lederteile bürsten wir mit einer Messingdrahtbürste ab und reiben mit einem acetongetränkten Lappen nach. Mit einem festen kleinen Pinsel tragen wir nun Stabilit-expreß auf die Flickstellen auf und pinseln es fest zwischen die Nähte, hernach wird der Rest gleichmäßig auf der Reparaturstelle aufgetupft. Zur Aushärtung benötigt Stabilit-expreß etwa 60 Minuten. Danach wird die nun erhärtete Masse mit einer groben Feile dem Fischkörper angeglichen. Sehr gut läßt sich diese Arbeit mit einem Fräskopf und der biegsamen Welle ausführen, und, wenn erforderlich, mit einem Schuppenmuster versehen.

Eingerissene Flossen sind recht häufig bei präparierten Fischköpfen zu sehen. Dabei sind sie leicht zu reparieren. Wenn also unser Fischkopf Einrisse der Flossenhaut aufweist, wird die beschädigte Flosse auf der Rückseite mit Tesafilm beklebt, bis die Beschädigung völlig bedeckt ist. Jetzt lagert man den Fischkopf so, daß die Flosse waagerecht zu stehen kommt und die klebrige Tesafilmseite nach oben zeigt. Mit Stabilit-expreß beschichten wir die

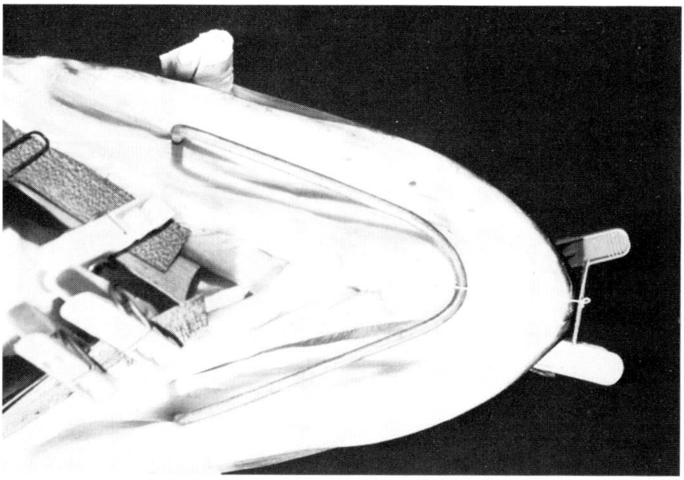

Für die seitliche Fixierung bei Raubfischen verwende ich federnde Metallbügel. Oben im Foto ist das Zellstoffröllchen unter dem Fanglappen zu sehen.

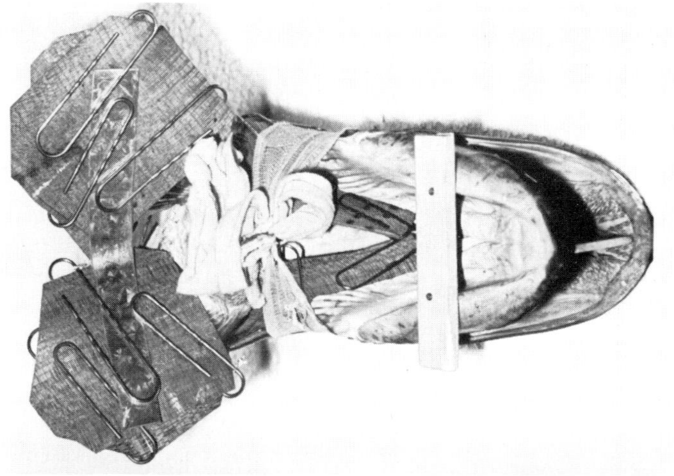

Ein gebogener Blechstreifen gibt den Brustflossen die natürliche Lage. Ein Stückchen Holz mit zwei Stahlnägeln kann für die Unterkieferfixierung verwendet werden. Für die Rachenöffnung genügt ein 3-mm-Ø-Holzstäbchen.

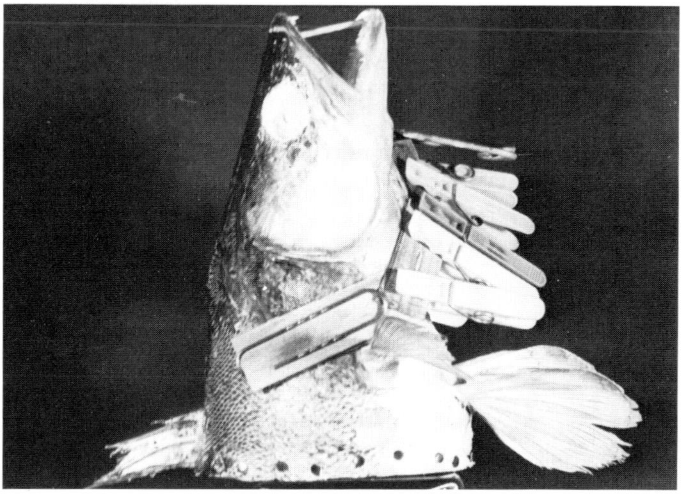

Die Kiemendeckel beim Zander mit mindestens 4fach unterteilten Fixiermitteln vornehmen.

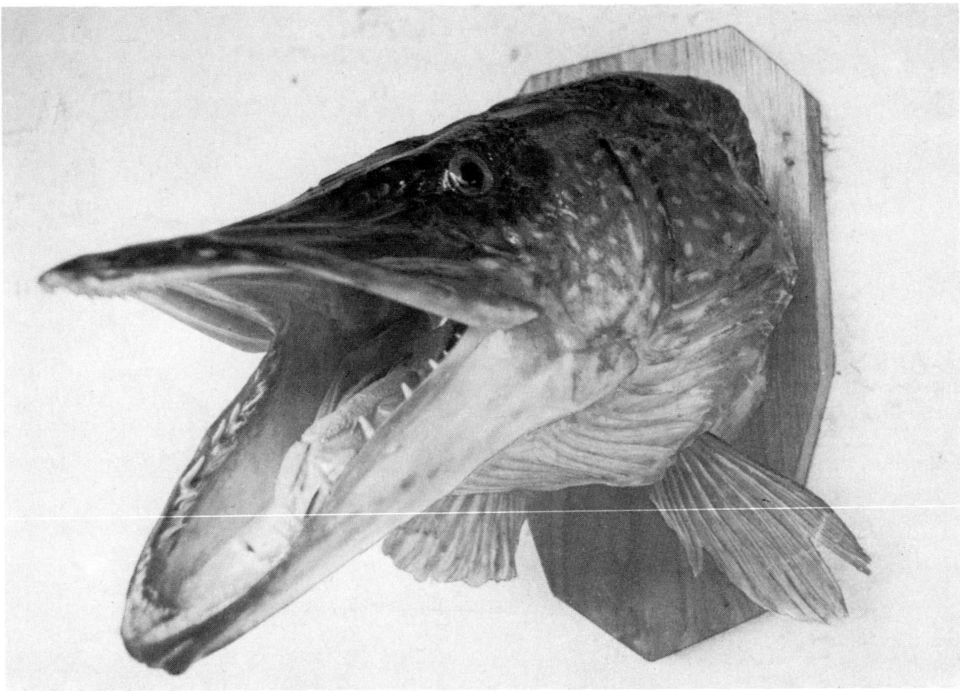

Solche Fischköpfe (Hecht) finden Anklang.

schadhafte Stelle in Stärke der übrigen Flosse und können, wenn Teile der Flossenstrahlen fehlen, passende Drahtstücke einlegen. Den Tesafilm können wir nach einer Stunde abnehmen, da der Kleber auf der Klebseite des Films nicht haftet – auf der glatten Seite wäre er nicht mehr lösbar. Sollten Flossen sehr stark beschädigt sein und nur noch aus Fragmenten bestehen, sei auf das Kapitel „Flossen" verwiesen.

m. Über die nun noch fällige Bemalung und Lackierung gilt in erster Linie der Grundsatz: Nur nicht übertreiben! Die Tips dazu stehen im Kapitel „Farben und Lacke". Ein mit Schwerigal F präparierter Fischkopf wird, soweit unbeschädigt, nur mit Kronengrund 121 grundiert und nach dem Trocknen einmal mit PU-Lack „Seidenglanz" beschichtet. Für die Montage auf Trophäenschilder aus Birkenstamm, Eiche hell oder dunkel oder sonstige Unterlagen steht Näheres im Abschnitt „Montieren".

Der Huchenkopf

Als einer immer seltener werdenden Fischart möchte ich der Präparation von Huchenköpfen ein eigenes Kapitel widmen. Diese Salmoniden werden nicht zu Unrecht „Donaulachs" genannt, erreichen sie doch auch heute noch Gewichte bis 25 kg. Es ist klar, daß der Kopf eines solchen Kapitalen einen unschätzbaren Tro-

phäenwert hat, und der Präparator sollte sich seiner Verantwortung bewußt sein, wenn er einen solchen Auftrag bekommt.
Der Huchen ist von fast drehrunder Gestalt etwa im Verhältnis 12:10 in der Höhe zur Breite, wobei Abweichungen durch Ernährungszustand (vollgefressen) und Geschlecht (voller Laich) zu berücksichtigen sind. In der Regel ist der Rücken grünlichgrau bis bräunlich, die Seiten mit rötlichem Kupferglanz, der Bauch silbrigweiß. Die Schuppen sind klein und festsitzend, es besteht keine Gefahr, daß sie während der Arbeit ausfallen.
Meistens weisen die Köpfe kapitaler Huchen mehr oder weniger starke Verletzungen auf der Unterseite auf, welche durch das Gaff verursacht wurden. Diese Schäden gilt es sorgsam zu reparieren. Recht oft auch sind die Köpfe arg kurz abgeschnitten worden und der Schlund bis zum Rachen hin entfernt. Alles Dinge, die viel Arbeit machen! Abweichungen von der im Kapitel „Der Fischkopf" beschriebenen Arbeitstechnik sind beim Huchen gleich zu Beginn festzustellen. Als Anschauungsmaterial möge der Kopf eines 17,3 kg schweren Huchens aus dem Inn dienen.

Durch das Abschlagen ist meistens der Kopf beschädigt. Dies ist von Vorteil, da ich bei meiner Methode alle Knorpel und Knochen in der Schädeldecke oberhalb der Augen entferne. Von der Kopfspitze bis nach hinten soll nur blanke Haut sein. Besonders von den Nasenlöchern nach vorn und über der Hirnhöhle ist auszuräumen. Die feste Haut verträgt eine gründliche Abschabung von innen mit einem großen, scharfen Löffel.

Auf der Bauchseite und rings um die Brustflossen nur sehr vorsichtig ausschaben, um Hautrisse, besonders an den Flossenwurzeln, zu vermeiden. Beim Huchen, aber auch bei anderen Salmoniden lasse ich beide Brustflossenknorpel im Kopf stehen, weil sie die richtige Lage anzeigen. Die Fixierung mit Furnierplättchen ist die gleiche, für die Konservierung ziehe ich Schwerigal-F vor, das zwar viel teurer als Formalin ist, jedoch die Farben nicht so angreift.

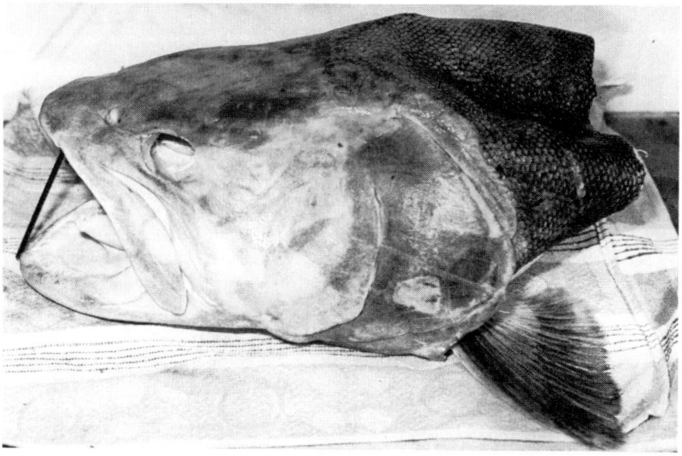

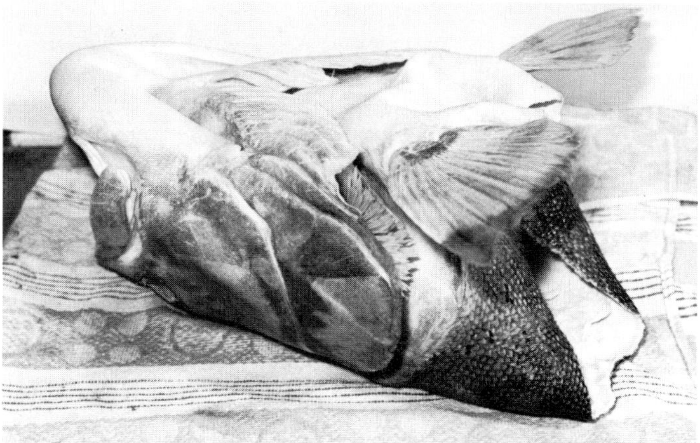

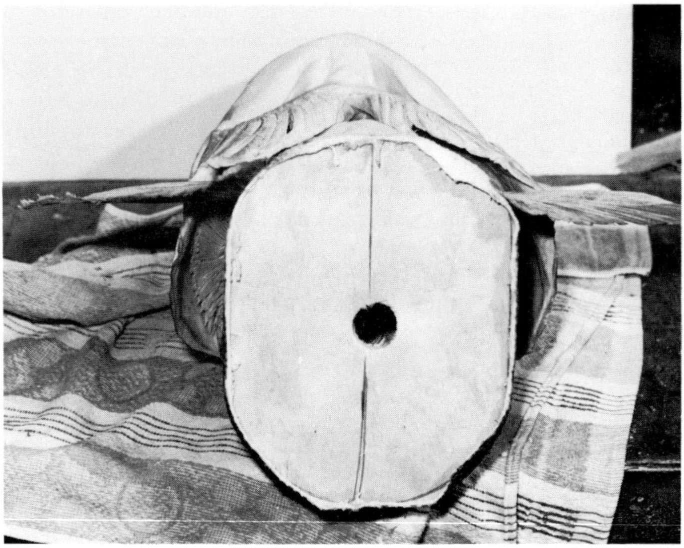

Vor dem Ausschäumen wird das Befüllbrettchen in genau körpergerechtem Zuschnitt eingesetzt und ringsum mit breitköpfigen Nägeln befestigt. Der schwarze Strich auf dem Brett markiert genau die Mitte und erleichtert das Anbringen. Die Befüllöffnung ist in etwa in der Mitte, um den Schaum gleichmäßig in die obere und untere Kopfseite einlaufen zu lassen.

Links: Genau waagerecht ist der Huchenkopf in die verstellbare Form zu spannen, welche zusätzlich oben mit einer Schraubzwinge gesichert ist. Dabei ist zu prüfen, ob die Brustflossen absolut gleich auf der Form aufliegen und nicht rückseitig zu Faltenbildung neigen. – Rechts: Zur Ausschäumung waren 200 g PU-Schaum nötig, weil die linke Kiemenseite eine Gaffverletzung aufwies und mit einem geringen Schaumverlust zu rechnen war. Um ein Auslaufen des Schaumes über die Augen zu verhindern, habe ich sie mit Zellstoff abgedichtet. 15–20 min soll der Huchenkopf in der Form hängenbleiben, bis der Schaum abgekühlt und erhärtet ist. In dieser Zeit fließt viel Feuchtigkeit aus dem Kopf ab, so daß es sich lohnt, unter die Form einen Eimer zu stellen.

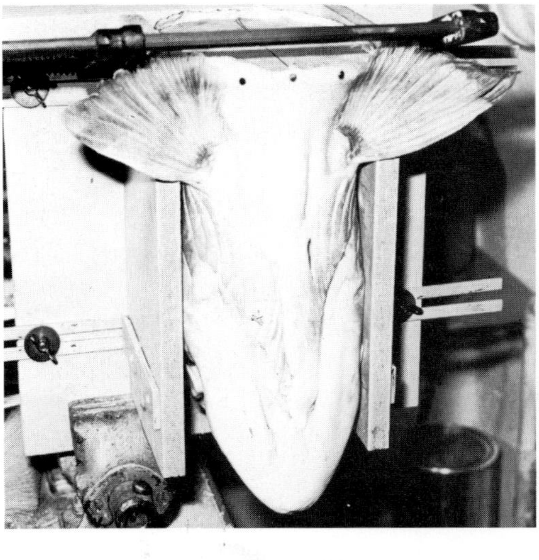

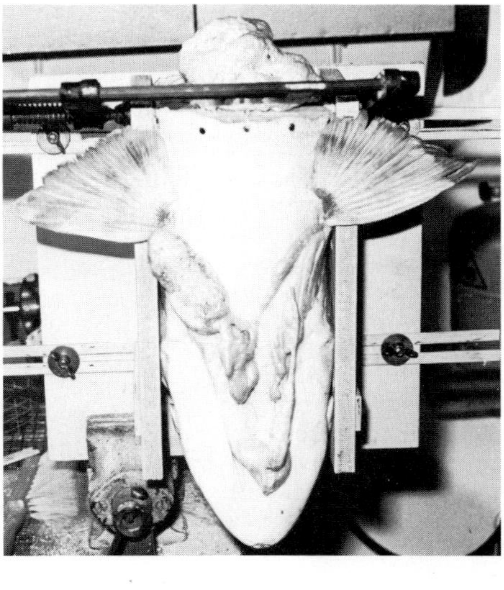

Nach dem Ausschäumen wird über den Augenöffnungen der Zellstoff entfernt, eventuelle Schaumreste ausgekratzt und die Haut innen mit einer Polyester-Spachtelmasse (Gero-weichelastisch) auskaschiert. Man beginnt dabei am besten mit der Kopfspitze, bringt die Masse mit einem Spachtel ein und drückt mit Zellstoff kräftig nach, bis die Masse aus den Nasenlöchern quillt. Ebenso werden die Backen gefüllt und dann sofort die Augen eingesetzt. Zum Trocknen müssen Kiemen und Flossenstützen wieder angebracht sein (Kap. „Fischkopf“).

Der fertig lackierte Huchenkopf kurz vor der Montage auf das Trophäenschild. Die Brustflossen stehen richtig, am hinteren Abschnitt sind die breitköpfigen Nägel zu sehen, die die Haut mit dem Brettchen verbinden, das im Kopf verbleibt.

Das Prachtexemplar kann abgeholt werden. Die silberfarbene Kordel verdeckt die Nägelköpfe und paßt gut zum Gesamteindruck. Der Kopf ist mit 4 Holzschrauben von rückwärts angeschraubt.

Hier zwei Huchenköpfe, welche vor etwa 10 Jahren in altherkömmlicher Weise präpariert wurden. Die Augen wirken deutlich eingesetzt, und die Kopfhaut weist Runzeln und Falten auf. Solche Köpfe lassen sich nachträglich in einen tadellosen Zustand versetzen, wie das Kapitel „Huchenkopfrestauration“ zeigt.

Forellentips

Ein leidiges Problem ist bei fast allen trocken präparierten Fischen die sehr schrumpfanfällige Kopfoberseite, die bei Hechten nicht so stark auffällt wie beispielsweise bei Salmoniden, die doch recht an Aussehen verlieren. Hier Abhilfe zu schaffen ist auf zweierlei Art möglich und erfordert in etwa den gleichen Zeitaufwand. Die eine Technik ist im Kapitel „Huchenkopf" beschrieben, und die andere wird jetzt an Hand von 7 Fotos erläutert. Ich muß vorausschicken, daß der Fischkopf schon präpariert und getrocknet, aber noch nicht lackiert ist.
Natürlich können nach dieser Methode auch alte Fischköpfe entschrumpft und wieder in ansehnlichen Zustand versetzt werden. Anhaftende Lackschichten müssen gründlichst abgebeizt und entfernt sein, ehe eine Polyester-Spachtelmasse aufgetragen wird.

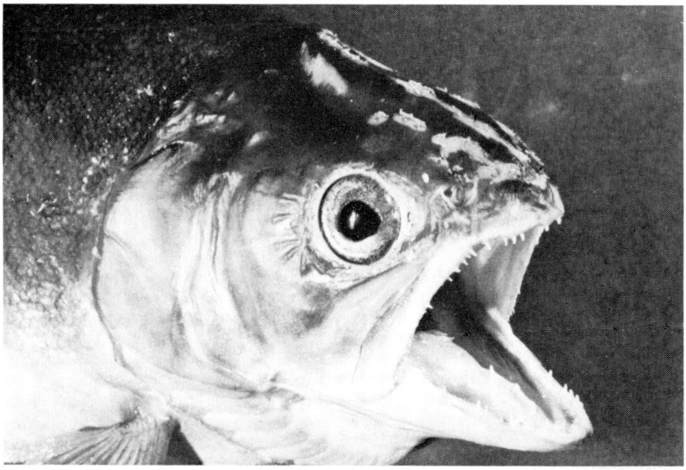

Zwei Striche mit einer groben Feile über den Fischkopf zeigen recht deutlich die in vier Längsrillen verlaufende Schrumpfung an. Die überstehenden höckerigen Teile müssen gut abgefeilt werden.

Jetzt mit grobem Schmirgelpapier die angefeilte Kopfhaut gründlich aufrauhen und mit Wundbenzin mehrmals abreiben, um Fettspuren zu beseitigen.

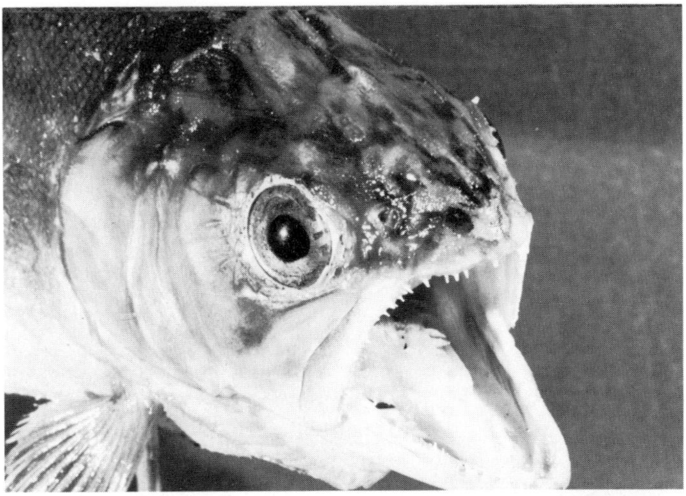

Zur Grundierung und besseren Haftung der Spachtelmasse wird nun die aufgerauhte Fläche mit einem Haftgrundierharz satt eingestrichen (Gebrauchsanweisung auf der Packung unbedingt beachten), wobei keine Stelle übersehen werden darf. Dieses Grundierharz härtet sehr schnell aus und kann sofort mit der Spachtelmasse beschichtet werden.

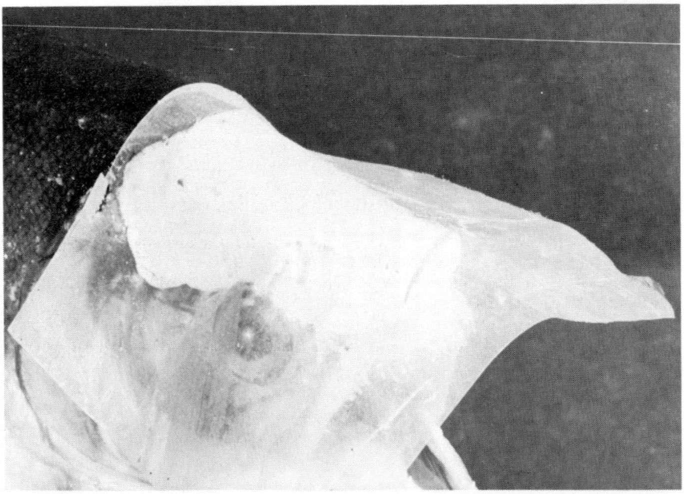

Die mit der Härterpaste vermischte Spachtelmasse auf den Fischkopf auftragen und mit einem Streifen Plastikfolie festdrücken; damit ist die Grundform der Kopfrundung schon gegeben. Das Mischverhältnis für Härter und Spachtelmasse ist: 1 Eßlöffel Spachtelmasse : 1 cm Härterpaste.

Nach dem Anhärten kann die Folie abgenommen und mit einem Messer der überstehende Rest entfernt werden. Die Ränder müssen sorgsam behandelt werden, damit wir die noch gummiartige Spachtelmasse nicht vom Grundierharz abheben, es würde sonst mit diesem keine homogene Einheit mehr bilden. Nach dem Aushärten können wir mittels Feile und Schmirgelpapier die Konturen angleichen.

Für den weiteren Arbeitsablauf verdünne ich die Spachtelmasse immer bis zur streichfähigen Konsistenz mit dem Grundstoff dieser Masse, nämlich Polyesterharz, gebe dafür die doppelte Menge Härterpaste dazu und trage mit einem flachen Pinsel auf. In der Regel färbe ich die letzte Spachtelmasse mit Farbpulver in der Grundfarbe des Fisches ein.

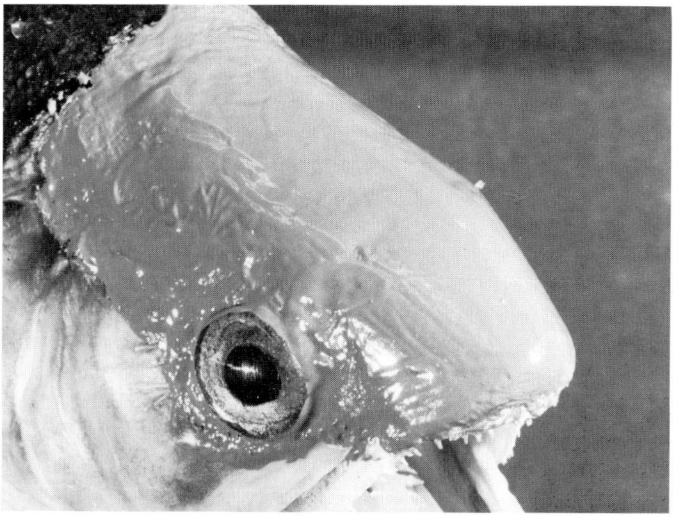

Rings um die Augen wird die Spachtelmasse nach dem Aushärten (= 10–20 min) mit dem Skalpell abgeschnitten und der gesamte Spachtelauftrag mit Schmirgelleinen immer feinerer Körnung geschliffen. Damit kann man die Konturen so fein angleichen, daß nach der Lackierung nichts mehr zu sehen ist. Mit einem acetongetränkten Lappen werden der Schleifstaub entfernt und auch die Augen sauber abgerieben. Auf dem Foto ist die Spachtelmasse bereits koloriert und nur noch rechts vom Auge zu erkennen.

Montieren

Mit Hartschaum ausgeschäumte Fischköpfe können nach der Lackbeschichtung der Haut mühelos mit einer feingezahnten Säge abgeschnitten werden. Insbesondere die Kombination Polyurethan-Schaum innen und Polyurethan-Lack außen ergibt eine so feste Einheit, daß Hautrisse beim Schneiden nicht vorkommen. Ich habe mir dafür eine immerscharfe Sandvik-324-Säge von 320 mm Länge zugelegt, die durch ihr breites Blatt einen geraden Schnitt ermöglicht. Der Vorteil dieser „Beschneidung" liegt darin, daß das Befüllbrettchen nicht mit dem endgültigen Montagewinkel übereinstimmen muß und außerdem mehrmals verwendet werden kann. In den folgenden 8 Fotos wird der Arbeitsablauf gezeigt.

Für die Montage extra großer Fischköpfe so ab 12,5 kg Lebendgewicht – und ganz besonders bei schwergewichtigen Wallerköpfen (Wels) – verlasse ich mich nicht mehr auf die Klebemethode, sondern verankere vor dem Ausschäumen einen Gewindestab im Kopf des Fisches, wozu sich ganz besonders die Hirnkapsel eignet. Hier wird z. B. der Gewindestab am unteren Ende mit einer Schraubmutter versehen und diese mit Polyester-Spachtelmasse in die Hirnkapsel eingebettet. Eine andere Methode ist es, einige Wirbel stehen zu lassen, diese auszubohren, mit feinem Dübel zu versehen und hier den Kopf anzuschrauben. Von dieser Art halte ich nicht viel. Es kann Jahre dauern, bis der Kopf herunterfällt . . ., aber er fällt herunter. Solche Montagen haben mir schon zu manch einem Reparaturauftrag verholfen! Eine andere Methode: Das Befüllbrettchen wird gleich in der späteren Endlage eingenagelt und verbleibt im Kopf, wie im Abschnitt „Huchenkopf" gezeigt.

Zum Abschneiden wird der Fischkopf in Rückenlage auf eine Schaumgummiunterlage gelegt und die Säge im gewünschten Schnittwinkel auf der Bauchseite angesetzt.

Eine Säge mit umlegbarem Griff hat den Nachteil, daß man nicht in einem Zug durchschneiden kann. Auf dem Foto ist die Schaumstruktur im Fischkopf zu sehen. Der Karpfen im Hintergrund ist auch mit PU-Schaum gefüllt und wog einmal 14,5 kg.

Das Trophäenschild wird mit 6-mm-∅-Bohrungen versehen, die zur Aufnahme von Aluminiumschraubnägeln dienen. Auf der Rückseite des Schildes muß mit einem Senkkopfbohrer Platz für die Nagelköpfe geschaffen werden.

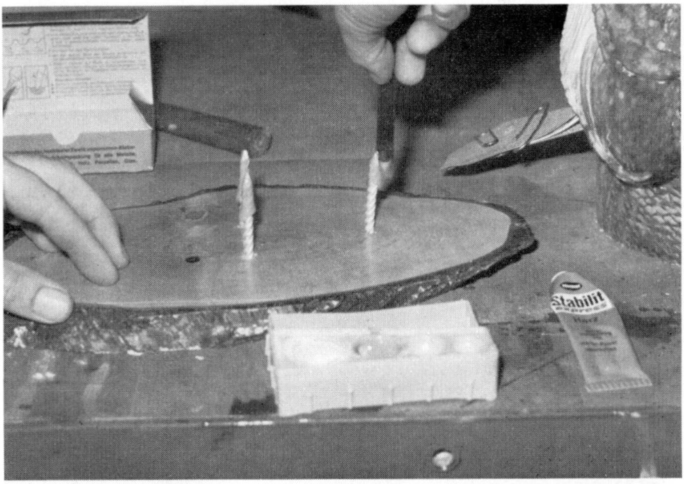

Die Spitzen der Schraubnägel werden dick mit Stabilit-expreß bestrichen. Für drei Nägel benötigt man eine Harzmenge der großen Mulde (3 ×) bei der kleinen Packung und die Harzmenge der kleinen Mulde (1 ×) bei der großen Packung. Die Angabe in () bezieht sich auf die erforderliche Menge Härterpulver.

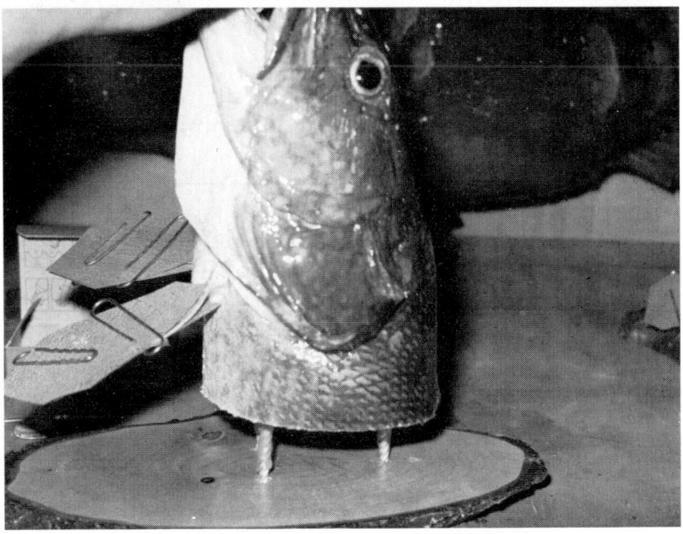

Das Aufsetzen des Kopfes auf die Schraubnägel erfordert große Sorgfalt, damit die zentrale Lage auf Anhieb erreicht wird. Die Furnierplättchen auf den Brustflossen dienen als Beschädigungsschutz und werden erst am Ende der Arbeit entfernt. Die gesamte Schnittfläche wird vor dem Aufsetzen ebenfalls satt mit dem Klebeharz bestrichen.

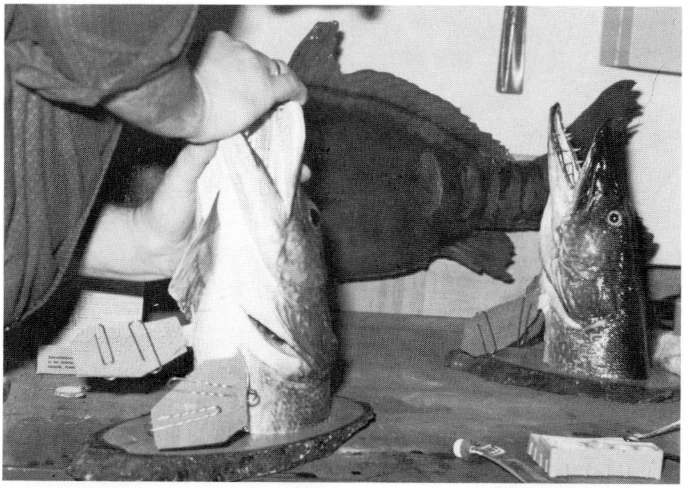

Mit kräftigem Druck auf die Kopfspitze wird nun so fest angepreßt, daß der Kleber seitlich leicht hervorquillt.

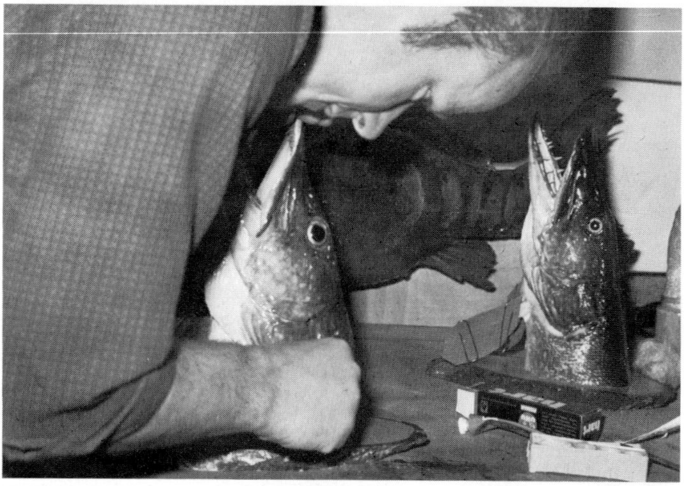

Wenn zu wenig Klebemittel aufgetragen wurde, so daß selbst bei starkem Andrücken kein Stabilit hervortritt, können wir mit einem dünnen Strang UHU-hart rings um den Fischkopf ebenfalls für den nötigen Halt sorgen.

Mit einem kräftigen Gummiband wird der erforderliche Druck bis zum Aushärten des Stabilit-expreß aufrechterhalten. Dabei ist besonders darauf zu achten, daß das Gummiband den Kopf nicht seitlich verzieht, es muß also mit allseitiger gleicher Spannung angelegt werden. Eine Kordel rings um die Klebestelle lege ich nur auf ausdrücklichen Wunsch des Kunden an.

Der Karpfenkopf

Ein vorstülpbarer Rüssel und fleischige Bartfäden, die Wahrzeichen der Karpfen, sind es, die die Präparation der Köpfe dieser Fische so arbeitsintensiv gestalten. Zudem schrumpft beim Trocknen die ganze Kopfoberfläche und wird runzlig, und das sieht dann nicht mehr sehr einladend aus. Die Runzeln auf dem Kopf lassen sich nach dem Verfahren „Forellentips" schnell unsichtbar machen, und für den Rüssel habe ich so meine spezielle Methode.

Der Karpfenrüssel wird nach dem Entschleimen und Entfleischen des Kopfes in der späteren endgültigen Stellung mit rostfreien Nadeln fixiert und der ganze Kopf in einem 2- bis 5prozentigen Formalinbad gehärtet. Wie schon im Abschnitt „Der Fischkopf" berichtet, sind beim Karpfen auch die Kiemen, Schlundzähne und der Gaumen zu entfernen, da diese Teile am fertigen Präparat nicht zu sehen sind.

Dem Formalinbad entnommen und von den Nadeln befreit, mit Leitungswasser gründlich gespült und abgetrocknet, wird jetzt von der Maul- und Rüsselpartie ein Wachsabguß genommen. Dazu verwenden wir ein Bienenwachs-Paraffin-Gemisch 50:50 oder aber das in Farbgeschäften erhältliche Gießwachs (Hartwachs), das, im Wasserbad geschmolzen, dem Karpfenkopf bis vor die Nasenlöcher aufgetragen wird. Man kann auch eine kleine Pappschachtel anfertigen, das flüssige Wachs einfüllen und den Karpfenrüssel einhängen. Nach dem Erstarren des Wachses wird das so gewonnene Negativ vorsichtig abgenommen und kühl aufbewahrt, wir benötigen es erst wieder, wenn der Fischkopf ganz getrocknet ist.

Ob nun der Karpfenkopf eine PU-Schaumfüllung bekommt oder eine Drahtgittermontage, ist davon abhängig, in welcher Länge der Fischkopf abgeschnitten wurde und ob das Befüllbrettchen noch einmontierbar ist. Wenn PU-Schaum zur Anwendung kommt, müssen die Kiemendeckel fest an den Kopf gebunden und die Augen- und Maulöffnung mit Zellstoff verschlossen sein.

Die Bartfäden sind am Kopf, genau wie beim Waller, abzutrennen, von hinten her mit einer Nadel zu versehen und getrennt zu trocknen.

Für die Gestaltung des Rüssels gibt es jetzt mehrere Möglichkeiten. Zur Unterstützung der Trocknung kann der Karpfenrüssel vorn in der Mitte angestochen, mit einer Kanüle versehen und an eine Luftpumpe wie z. B. Wisa 200 oder 300 angeschlossen werden. Dadurch läßt sich die Schrumpfung bis zum Einbringen einer geeigneten Füllmasse vermeiden.

Man kann aber auch gleich eine Füllmasse, wie Polyesterharze, Gips, Molto-Fill oder gelöstes Paraffin, mit einer großkalibrigen Kanüle einspritzen. PU-Schaum ist dafür nicht geeignet!

Nach meinen Erfahrungen bringt jedoch folgende Methode die besten Ergebnisse:

Dieser Karpfenkopf ist mit einem künstlichen Rüssel versehen. Die Übergänge Kopf/Kunstharz sind nicht mehr zu sehen.

Der in üblicher Weise, bis auf die Kolorierung, fertiggestellte Fischkopf muß völlig durchtrocknen, bis die Kopfhaut narbig erscheint. Sodann wird die Maul- und Rüsselpartie mit einer Messingdrahtbürste abgebürstet und anschließend mit Aceton oder Wundbenzin sorgsam abgerieben, zwecks Entfernung möglicher Fettspuren.

Nun ist wieder die anfangs angefertigte Wachsform an der Reihe. Sie wird dem Fischmaul aufgezogen und der Rand mit einem Bleistiftstrich markiert. Bis etwas über den gezogenen Strich hinaus muß das Fischmaul mit Haftgrundierharz eingestrichen werden. Sodann kann Polyester-Spachtelmasse, etwas dicker als erforderlich, auf den Fischkopf aufgetragen und die Wachsform darauf gesteckt werden. Wenn die Spachtelmasse erhärtet und die Form abgenommen ist, weist der Fischkopf wieder genau die

Rüsselform auf, die wir ihm vor dem Trocknen gegeben haben. Es müssen jetzt nur noch die separat getrockneten Barteln anmontiert und einige Retuschen am Kopfübergang zur Spachtelmasse vorgenommen werden, um alle Spuren zu verwischen. Nach der Farbgestaltung und Lackierung ist von der ganzen Operation nichts mehr zu sehen.

Der Wallerkopf

Der Wallerkopf läßt sich kaum mit den anderen Fischköpfen vergleichen. Die Bartfäden, die winzig kleinen Augen, der fleischige Unterkiefer, die zwei Gruben hinter den oberen Ausmündungen der Kiemendeckel und die zwei mächtigen Muskelstränge zu den Brustflossen machen den Fisch für den Präparator zu einem Problem und untauglich für die PU-Schaumtechnik. Ich habe nur einmal versucht, einen Wallerkopf mit Schaum zu füllen, das Ergebnis war niederschmetternd. Seither mache ich die Wallerköpfe nur noch mit Drahtgitter (Drahtstärke 1,5 mm ∅) und Kunstharz-Spachtelmasse und kann mit dem Erfolg zufrieden sein.
Das erste Problem taucht schon beim Entfleischen des Fisches auf! Die Entfernung der Knochen – die Bezeichnung „Gräten" wäre eine Beleidigung – macht den Einsatz einer kräftigen Eisenflechterzange notwendig, da mit einer üblichen Schere hier nichts auszurichten ist. Aber auch die Muskeln im Kopf sind ungemein fest und verraten viel von der gewaltigen Kraft dieses Fisches. Dann sind da auch noch die recht fleischigen Backen, die über die kleinen Augen nur schwer zugänglich sind und doch gründlich

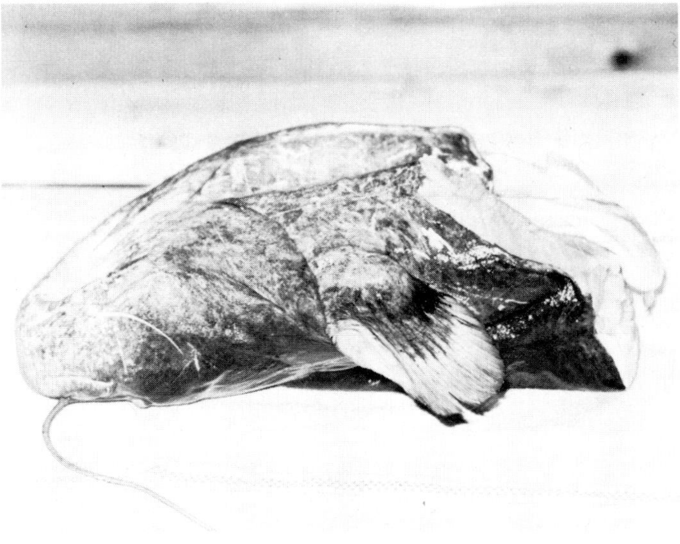

Gut neun Kilo wiegt dieser Wallerkopf, der wie ein schlapper Sack Mehl auf dem Tisch liegt. Er ist, wie immer bei großen Fischen, recht kurz abgeschnitten und wird wahrscheinlich eine Verlängerung erfordern.

ausgeräumt sein wollen. Weiterhin verliert der Waller, wenn er aus dem Wasser ist, sofort seine ausgeprägte Körperform und hängt schlaff herunter, dies führt dann recht leicht zu Trugschlüssen und falscher Körpergestaltung.

Anmerkung: In Spiritus konservierte Fische können, nach meinen Erfahrungen, nicht mit Polyurethanschaum ausgeschäumt werden, da der Schaum vom Spiritus angegriffen wird, nach einigen Tagen seine Härte verliert und in sich zusammenfällt.

Sein Gewicht hat ihm schon nach kurzer Liegezeit das Muster des untergelegten Tuches eingeprägt. Die Haut wird soweit wie möglich mit dem Skalpell losgelöst und über den Kopf gezogen. Da der Waller keine Schuppen hat, kann dabei überhaupt nichts passieren. Recht mühsam ist das Loslösen der Haut bis zur Kopfspitze – aber das muß unbedingt sein, es würden sonst häßliche Schrumpfungen auftreten.

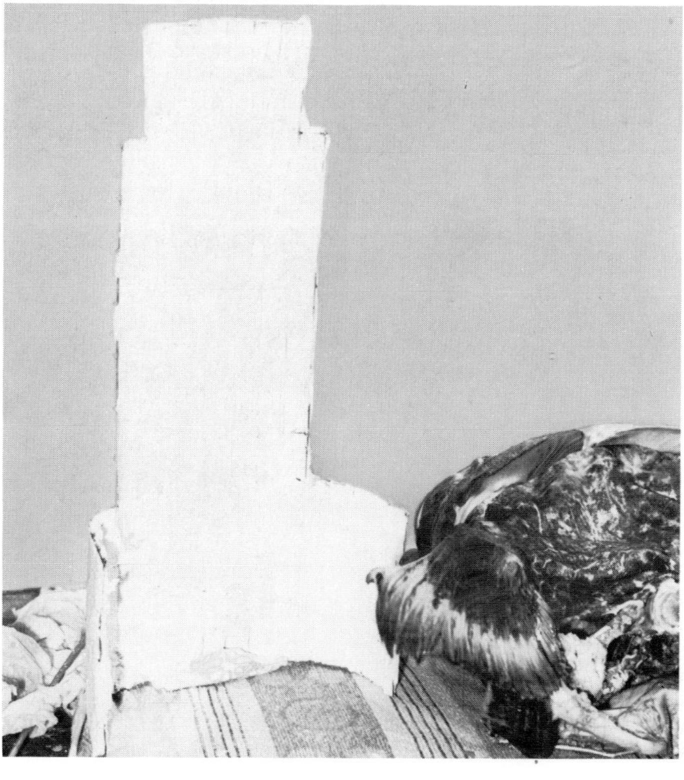

Der Kopf ist entfleischt und der breite Schlund dicht vernäht. Links davon steht das mit Spachtelmasse überzogene Drahtgitter, welches unmittelbar nach der Fleischentfernung angefertigt wird und von der Kopfspitze – etwa vom Ansatz der Oberkieferbarteln – bis zum rückwärtigen Ende reicht. Eingesetzt wird das Gitter erst nach der Konservierung des Fisches in Spiritus/Aqua dest.-Gemisch 1:1.

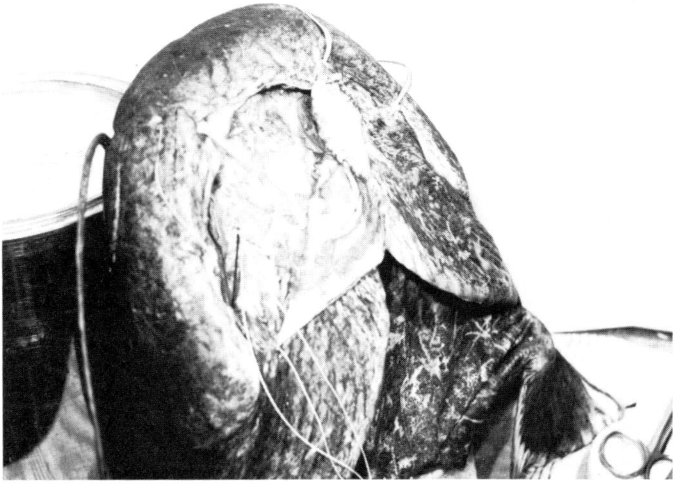

Der fleischige Unterkiefer muß ringsum aufgeschnitten und ausgeräumt werden. Hierbei können wir bis zu den Zahnreihen (Hechelzähne) im Unterkiefer aushöhlen und bis unter die Zunge. Der Schnitt kann anschließend sofort wieder bis auf eine 3 cm breite Öffnung in der Mitte vernäht werden.

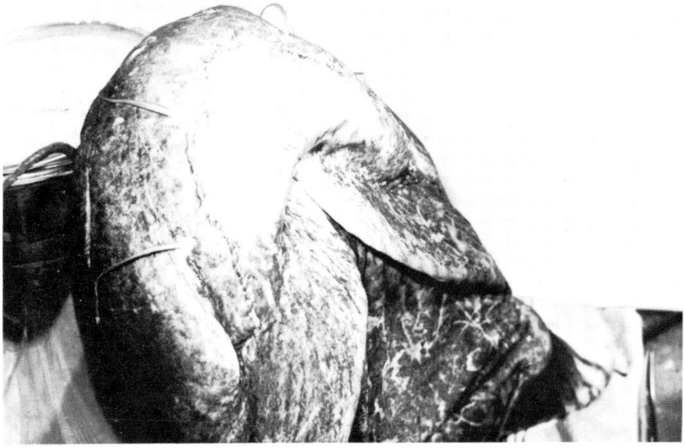

Der Wallerkopf wurde gründlich im Salmiakbad entschleimt und anschließend 4 Wochen in einem Spiritusbad konserviert, bis die Haut fast lederartig wurde. Jetzt ist der Unterkiefer bereits ausgefüllt und ganz vernäht.

Die vier Unterkieferbarteln werden abgetrennt, auf einem Brettchen ausgerichtet, von beiden Seiten mit einem Holzspatel bedeckt und mit vier Klammern fixiert. Zuvor jedoch habe ich in jeden Bartfaden eine rostfreie Nadel eingeführt, damit die Barteln später leichter montierbar sind.

Es folgt die Formgebung des Körpers. Das Kopfgitter ist bereits eingesetzt, und das Gitter für den Bauch und die Seiten wird gerade eingepaßt. Zu dieser Arbeit ist der Fischkopf auf dem Rücken so unterlegt, daß er genau waagerecht liegt. Wenn das Gitter genau paßt, kann es an beiden Seiten mittels Kunstharzspachtel mit dem Kopfgitter verklebt und anschließend die Haut mit dem Gitter vernäht werden. Der überstehende Rest ist abzunehmen.

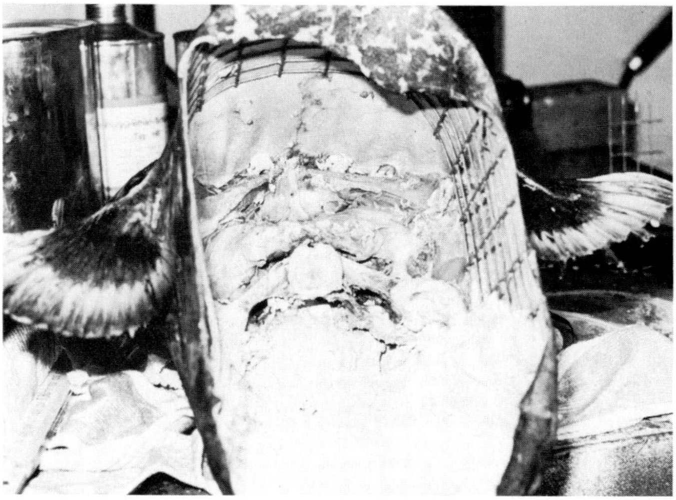

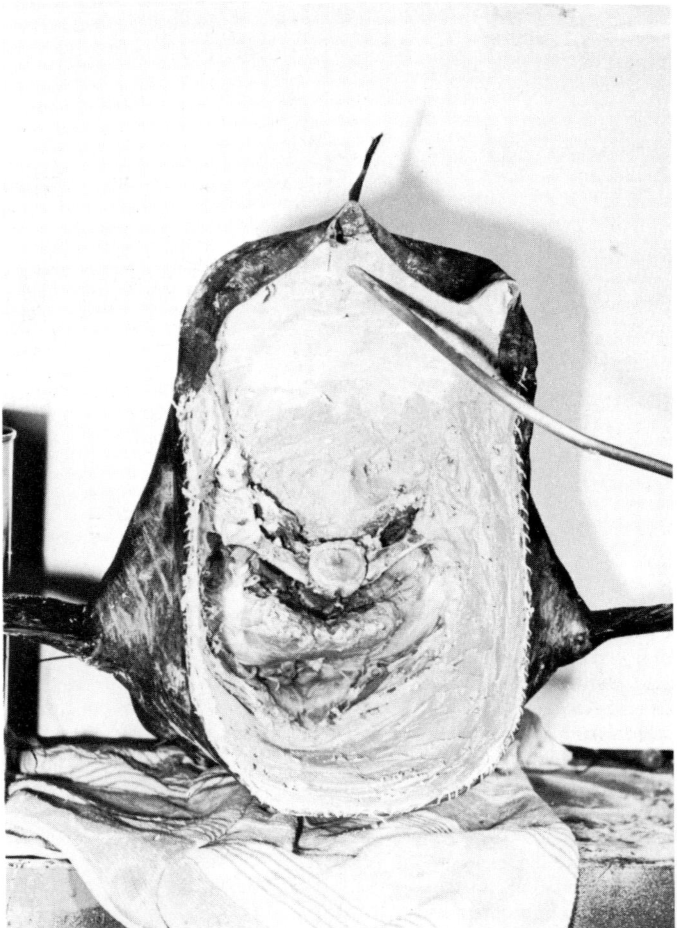

Jetzt ist der Wallerkopf ganz auskaschiert und weist schon seine endgültige Form auf. Schön zu erkennen sind die beiden seitlich zu den Brustflossen führenden Muskelwülste und die breite, in oval übergehende Körperform. Die kleine Rückenflosse bekommt später zur Stützung von innen eine rostfreie Nadel verpaßt.

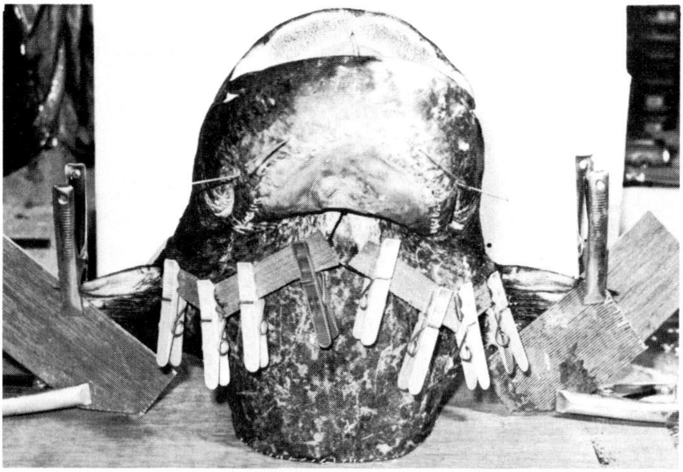

Die Kiemendeckel und Flossen sind mit Holz und Klammern fixiert, nur so läßt sich ein Welligwerden verhindern. Die starken Brustflossen erfordern starke Metallklammern.

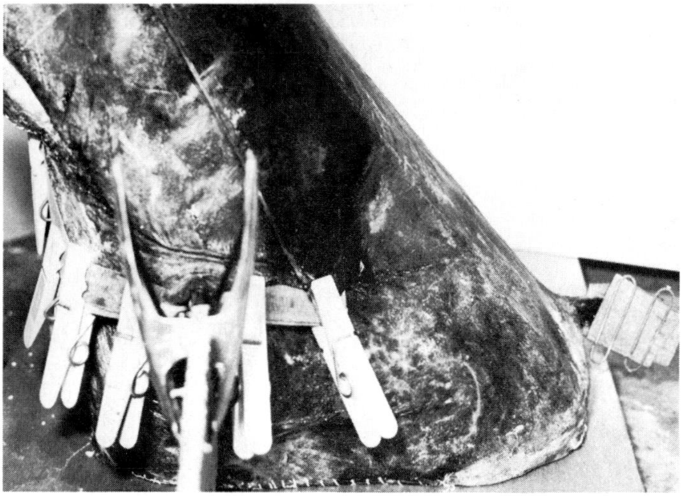

Die Grube an der oberen Ausmündung des Kiemendeckels ist gut gelungen und die Rückenflosse bereits fixiert. Die Kiemendeckel bekommen einen Abstand vom Körper im halben Durchmesser einer Wäscheklammer – mehr würde unnatürlich wirken. Die Oberkieferbarteln sind jeweils an einem Kiemendeckel festgeklemmt.

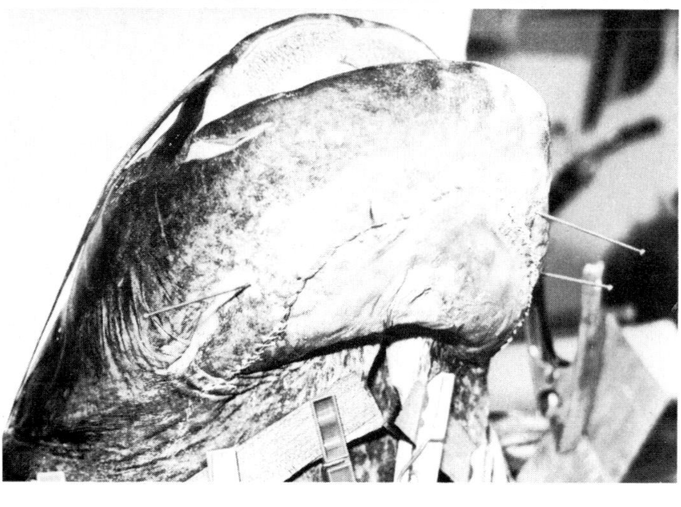

Mit vier rostfreien Nadeln ist der Sitz der Unterkieferbarteln markiert, sie werden erst ganz am Schluß und vor dem Lacküberzug mit UHU-hart eingeklebt. Die Naht am Unterkiefer bekommt einen leichten Auftrag mit Stabilit-expreß und wird dadurch weitgehend unauffällig. Der Lacküberzug besteht aus einem zweimaligen Anstrich mit Polyurethanlack hochglänzend.

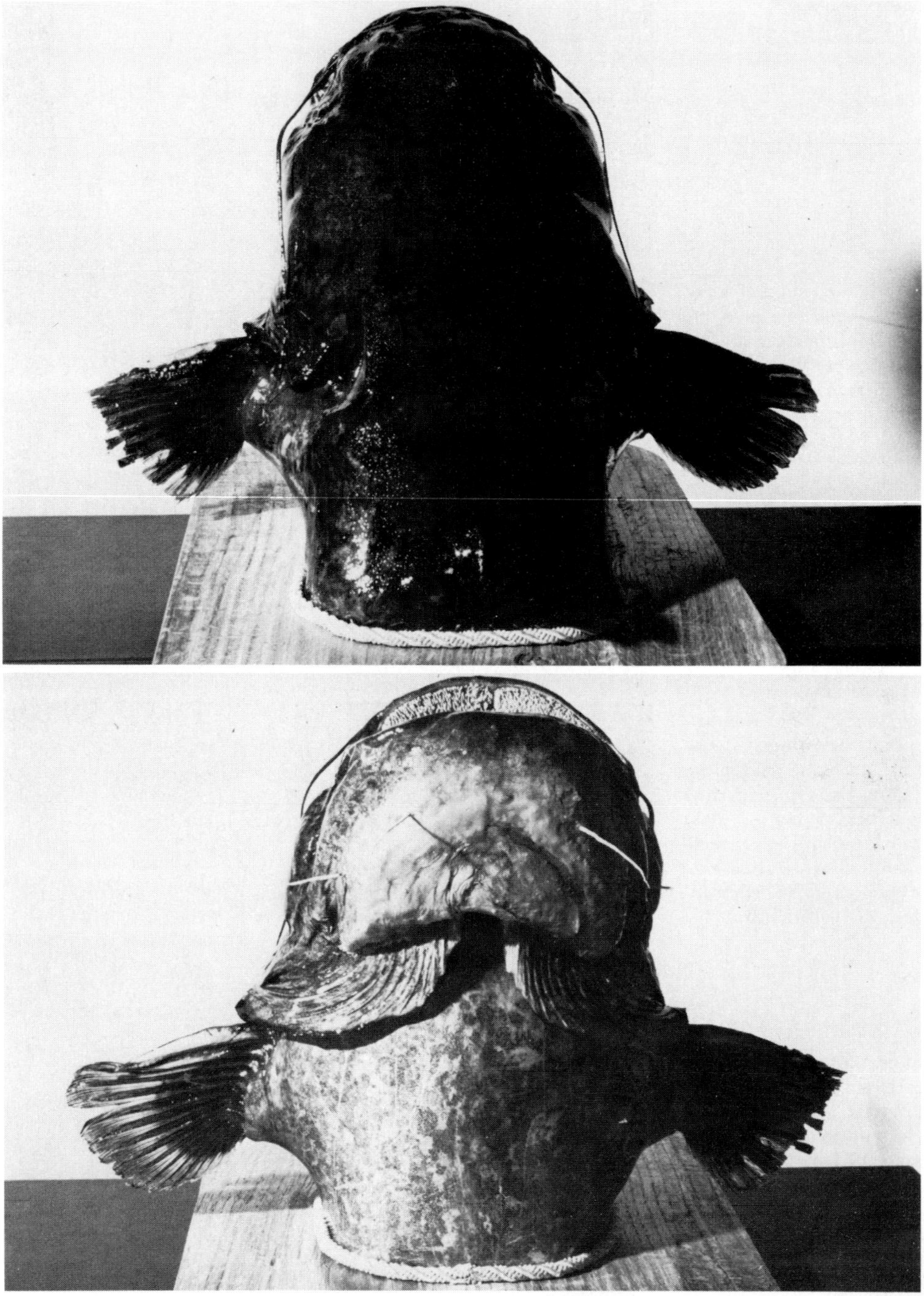

Der fertige Wallerkopf von oben und unten, montiert auf eine Eichenplatte mit Silberkordel. Durch gründliche Entschleimung und Konservierung in Spiritus blieb die natürliche marmorierte Färbung erhalten.

Kapitel 3 Der ganze Fisch

Fische im Ganzen für Unterrichtszwecke oder als Großtrophäen für Sportfischer zu präparieren, erfordert erheblich mehr zeitlichen Aufwand als vergleichsweise ein Fischkopf. Besonders die natürliche Formgebung des Fischkörpers muß exakt vollzogen werden. Wir müssen bedenken, daß der lebende Fisch im Wasser eine oft ganz andere Körperform im Verhältnis Höhe/Breite aufweist, als uns der gefangene und tote Fisch zeigt. Besonders irritieren Hecht, Huchen, Waller und Seeforellen. Ich möchte daher vorsorglich diese Fische kurz beschreiben:

Hecht: langgestreckt, seitlich nur wenig zusammengedrückt, Rücken eckig-rund, Bauch oval-rund.
Huchen: langgestreckt, fast drehrund, Rücken und Bauch weisen die gleichen Rundungen auf.
Waller: breiter, abgeplatteter Kopf, wulstiger Unterkiefer, oval-runder Bauch, ab den Bauchflossen seitlich zusammengedrückter Körper.
Seeforelle: ovale Körperform, Rücken weniger gerundet als der Bauch.

Auf dem Trockenen sind diese Fische meistens mit einem ausgeprägten Hängebauch versehen, der durch den fehlenden Wasserdruck verursacht wird.
In der Reihenfolge der Häufigkeit fallen bei mir folgende Fische als Ganzpräparate jährlich an:

Barsch	30 %	bis 2,5 kg
Forelle	20 %	bis 7 kg, hauptsächlich um 3 kg
Zander	15 %	bis 10 kg
Hecht	10 %	bis 17 kg
Karpfen	10 %	bis 15 kg
Huchen	1 %	bis 25 kg, aber äußerst selten!
Sonstige	14 %	bis 5 kg (Barbe)

Diese Aufstellung ist natürlich sehr von den Angelsportmöglichkeiten der Kunden abhängig und kann sich sehr schnell ändern. Die Aufzeichnung stellt einen Querschnitt der letzten 5 Jahre dar, wobei Fische, die nur einmal vorkamen, nicht erwähnt sind.
Mit zunehmender Häufigkeit der zu präparierenden Fische einer bestimmten Art erwirbt man sich für diese eine besondere Fähigkeit. Ich bearbeite Fische mit Kammschuppen (Barsch und Zander) viel lieber als etwa Fische mit großen Rundschuppen wie Karpfen und Döbel, und obwohl der Waller überhaupt keine Schuppen aufweist, macht er die größten Schwierigkeiten.
Oft höre ich den Einwand: Ich hätte ja ganz gern den ganzen Fisch präparieren lassen, aber um das viele gute Fleisch ist es schade. Da ist etwas Wahres dran, doch gibt es eine ganz einfache Lösung! Dem fangfrischen Fisch zieht man die Haut ab, der Angler hat

sein Fleisch und der Präparator die äußere Hülle und den Kopf, das Fleisch braucht er ohnehin nicht. Damit ist beiden gedient! Dieses Hautabziehen geht am allerbesten, wenn der Fisch später seitlich montiert wird. Bei stehender Montage wird die Arbeit bedeutend schwieriger, weil am Bauch begonnen werden muß. Es ist klar, daß ich das Abziehen der Haut zwecks Fleisch- und Gaumenfreuden nur in Gegenwart des Kunden vornehme und nur peinlich sauber gereinigte Werkzeuge und ein weißes, gebügeltes Tuch als Unterlage verwende.

Der Arbeitsablauf für einen ganz zu präparierenden Fisch ähnelt dem des Fischkopfes, um nicht zu sagen, ist fast der gleiche, nur kommt jetzt hinzu, daß außer dem Kopf auch noch der ganze Körper zu naturalisieren ist. Dazu bediene ich mich in aller Regel ebenfalls der PU-Schaumtechnik und mache allenfalls beim Waller eine Ausnahme, dem ich ein polyesterverstärktes Drahtgitter verpasse; denn der so ungünstig geformte Wallerkörper macht eine Schaumfüllung fast unmöglich. Im Kapitel „Wallerkopf" habe ich das Thema ausführlich behandelt.

Günstig ist es, wenn wir den Fisch vor dem Entfleischen 1 bis 2 Tage in 2prozentigem Formalin fixieren können. Er behält dann ganz wesentlich besser seine Form. Allerdings verbleibt dann für Gaumenfreuden nicht das Geringste! Oder wir ziehen ihm vorher zum Wohle des Kunden die Haut ab und müssen uns hernach mehr plagen. Es hat halt jedes Ding seine zwei Seiten.

Verwertbare Maße bei ganzen Fischen sind: Länge von Schnauzenspitze bis zur Schwanzmitte, Höhe und Breite an den Brust- und Bauchflossen sowie an der Afterflosse. Dazu ist bei Salmoniden noch die Form des Schwanzstieles hinter der After- und Fettflosse sehr wichtig. Bei der in den drei Fotos dargestellten Forelle habe ich nach der Fleischentnahme die Haut sorgfältig entfettet und in Spiritus bis zur Weiterverarbeitung aufbewahrt.

Wer den Bogen beim Ausschäumen noch nicht heraus hat und auch sonst kein Risiko eingehen möchte, kann vom fixierten Fisch einen Gipsabguß machen und den Fisch in diesem ausschäumen. Hier bleibt vom Fisch jedoch überhaupt nichts für die Küche übrig, da der nicht mit Formalin fixierte Fisch zu wenig Steifheit besitzt und nur schlecht abgeformt werden kann. Genauso ist es, wenn man ihm vorher die Haut abzieht, dann ist die Abformmöglichkeit ohnehin im Eimer. Die Technik der einfachen Abformung ist folgende:

a. Der im Formalinbad gehärtete Fisch wird gründlich abgespült.

b. Da wir nur den Rumpf als Form benötigen, können die Fixiermittel an den Flossen und Kiemendeckeln bleiben. Zuerst wird eine Fischseite mit einem weichteigigen Gipsbrei beschichtet, wobei es auf Feinheiten nicht so sehr ankommt.

c. Da Gips schnell abbindet, kann der Fisch mit der anhaftenden halben Form gewendet und die Ränder der Form mit Rasierschaum oder Wachs bestrichen werden. Dies geschieht zur Ver-

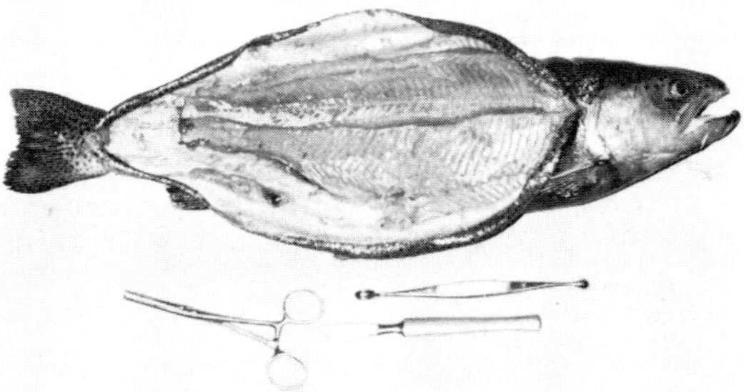

Diese kapitale Forelle soll jetzt für Gaumenfreuden und später für Augenfreuden sorgen. Dazu habe ich ihr mit dem Skalpell entlang der Seitenlinie vom Kopfansatz bis zur Schwanzwurzel die Haut aufgeschnitten. „Entlang der Seitenlinie" ist nicht notwendig, aber praktisch. Die Werkzeuge dazu: Skalpell, Klemmschere und scharfer Löffel.

Die Haut läßt sich ganz leicht abziehen, nur muß man dabei sehr auf die Flossenansätze achten, um nicht die Flossen durch die Haut zu ziehen.

Dieses „Stück Fisch" wurde der Küche erhalten. Der Fisch wirkt nach der Enthäutung länger, als er in Wirklichkeit ist, dies rührt von der gestreckten Form des leeren Hautsackes her. Es ist nur von Vorteil, wenn wir den Fisch vorher genau vermessen haben.

hinderung von Lösungsschwierigkeiten mit der zweiten Formhälfte, die jetzt aufzutragen ist.

d. Wenn beide Formen fest sind, kann man sie abnehmen und den Fisch an der vorgesehenen Seite öffnen und entfleischen. Durch die schon vorherige Formalinbehandlung ist die Haut genügend konserviert, so daß einer sofortigen Ausschäumung nichts im Wege liegt. Nur darf das warme Spülmittelbad nicht übersehen werden.

e. Der in den Fisch eingenähte Montagebügel mit seinen zwei Drähten macht zwei passende Löcher in der Gipsform erforderlich, die man am besten erst dann bohrt, wenn die genaue Lage festliegt. Der Durchmesser dieser Löcher soll um mindestens 1 mm größer als nötig sein, um ein reibungsloses Gleiten der Drähte zu ermöglichen. Für die Befüllung mit Schaum muß ein drittes Loch von 10–20 mm ∅, je nach Trichterhals, auf der Montageseite und bei stehenden Fischen unten angebracht werden.

f. Der Fisch ist zum Ausschäumen hergerichtet. Er wird mit beiden Formteilen ummantelt und zusätzlich mit einer Mullbinde umwickelt, um der Form den nötigen Halt zu geben. In die Befüllöffnung kommt der Trichterhals, aber so, daß der Schaum in den

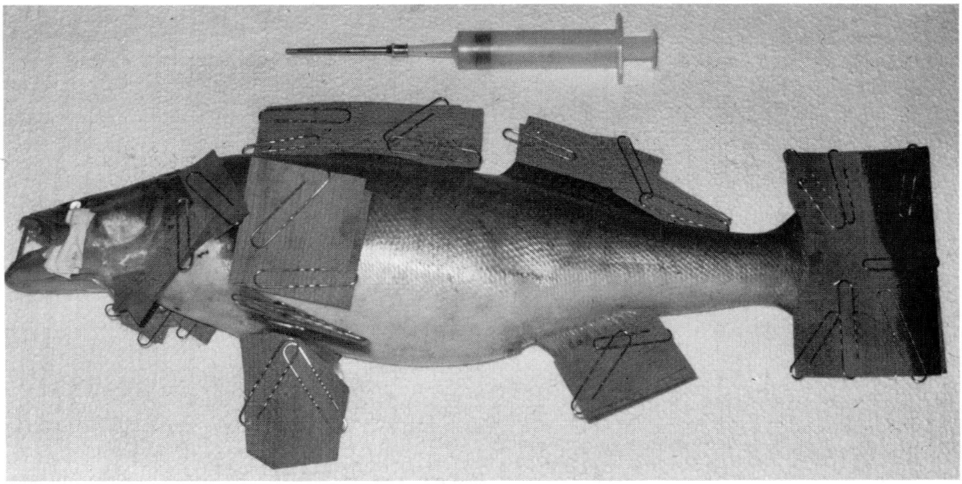

Dieser 6 kg schwere Zander, 80 cm lang, sollte ohne Rücksicht auf Fleischverlust präpariert werden. Die schon verblaßten Querbinden mußte ich nachträglich aufmalen. Diesem Zander habe ich alle Flossen mit Furnierholzplättchen gespreizt und mit großen Büroklammern fixiert. Zuvor hatte ich den stachligen Gesellen in einem Salmiakbad gründlich entschleimt und mit der abgebildeten 50-ml-Spritze vom After her 0,5 %iges Formalin eingespritzt, um eventuelle Zersetzungsprozesse aufzuhalten. Den Fisch legte ich für 24 Stunden in ein 2 %iges Formalin/Aqua-dest.-Bad zur Härtung der Haut. Formalin in obiger Konzentration dringt nicht sehr weit ein und fixiert in einem Tag nur die Haut.

Fisch und nicht zwischen Fisch und Form läuft – und schon kann es losgehen. Die genaue Dosierung der erforderlichen Schaummenge ist sehr wichtig! PU-Schaum Typ HR schäumt 1:25 auf! Diese Gips-Gußform ist auch gut für Fische geeignet, die in gekrümmter Körperform, also in Bewegung, präpariert werden und ohne stützende Form durch den Druck des Schaumes immer gerade würden. Um einem Fisch eine gekrümmte Form zu geben, gilt es folgendes zu beachten:

a. Damit später die konservierte Fischhaut mit der Form übereinstimmt, ist der Fisch vor dem Abguß zu fixieren. Das geht ganz einfach so, daß wir dem Fisch einen Draht von ca. 5 mm Ø durch das Maul und bis zur Schwanzwurzel stoßen, ohne dabei die Haut zu beschädigen, und dann den Fisch samt Draht in die gewünschte Form biegen. Nach dem Anbringen der Kiemen und Flossenstützmittel kommt der Fisch entweder für 1 Stunde in ein 10prozentiges Formalinbad oder für 24 Stunden in ein 2prozentiges Formalinbad zum Anfixieren der Form und Haut.

b. Bei nur einer Krümmung im Bereich der Schwanzflosse werden die Fixierklammern an der Schwanzflosse mittels Zwirn an die Klammern der Kiemendeckel gespannt, bis die nötige Krümmung erreicht ist. Auch hier besorgt dann das Formalinbad die nötige Steifheit der Haut.

Am nächsten Tag habe ich alles zurechtgelegt und das Montagegestell angefertigt. Der Bogen am Drahtgestell kommt in die Schwanzwurzel, die Spitze in die Hirnhöhle. Die senkrechten Drähte ragen später aus dem Zander heraus und tragen den Fisch (Drahtstärke 6–7 mm).

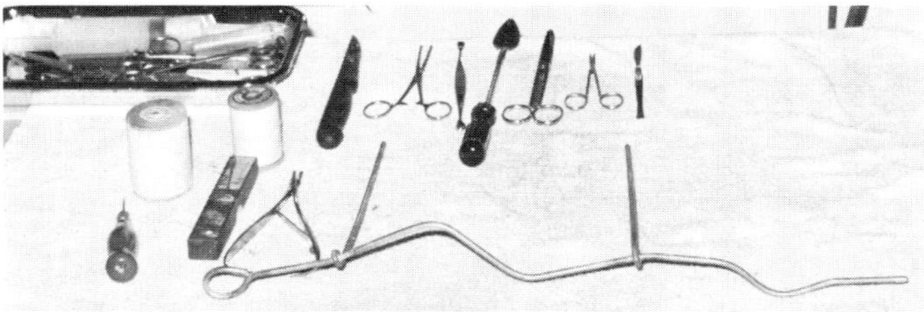

Nach dem Anfixieren der Haut und einer gründlichen Wässerung konnte der Eingriff beginnen. Da der Fisch nach links schauen sollte, war die rechte Seite entlang der Seitenlinie zu öffnen. Die Kammschuppen eines Zanders können nur mit der Schere durchtrennt werden. Das Fleisch löst sich nicht ganz so leicht wie bei einer Forelle von der Haut. Die Flossenfixierung läßt man am besten bei der Arbeit dran. Entlang des Rückens verläuft ein Fettstreifen, der unbedingt entfernt werden muß.

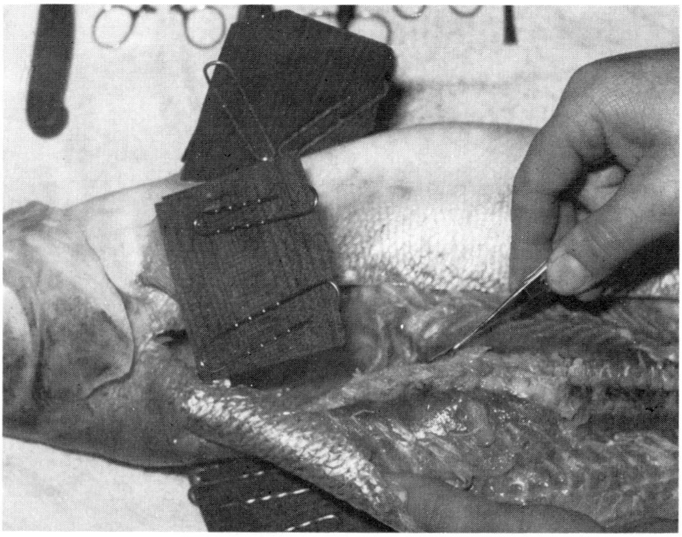

Alles überflüssige Fleisch ist entfernt, und die vorgehärtete Haut hat ihre Form behalten. Das Montagegestell liegt zum Einnähen bereit. Wichtig ist bei jedem Fisch die Entfernung des Backenfleisches. Beim Zander muß bis zum Unterkiefer in mühseliger Feinarbeit mit dem scharfen Löffel operiert und geschabt werden.

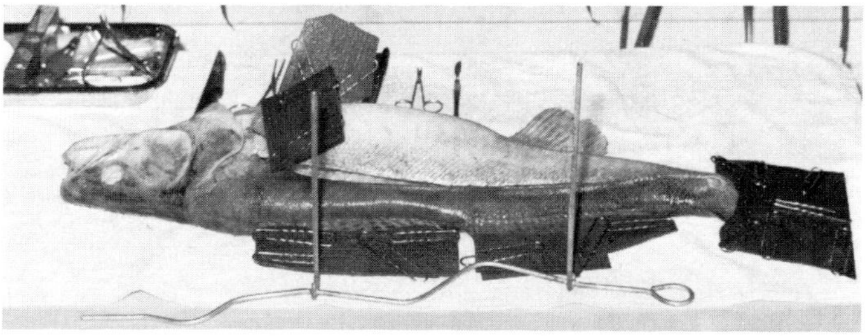

Das Drahtgestell ist eingesetzt, und jetzt kommt bei einem barschartigen Fisch das Schwierigste: das schaumdichte Vernähen. Wo die beiden Drähte aus der Fischhaut ragen, sind kleine Löcher in die Haut zu schneiden, die dem Durchmesser der Drähte entsprechen – sonst führt die verspannte Haut zu Faltenbildung.

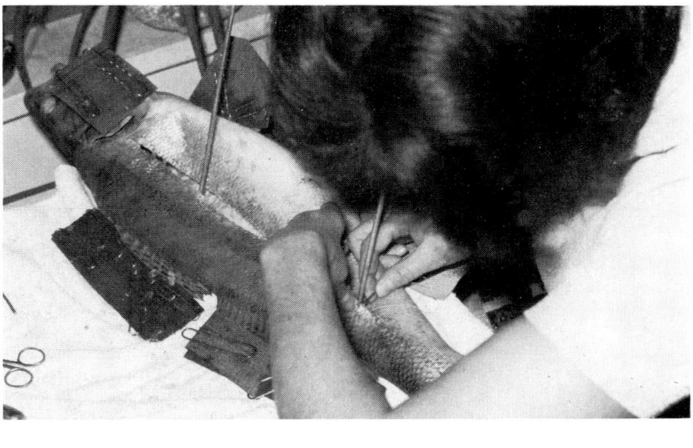

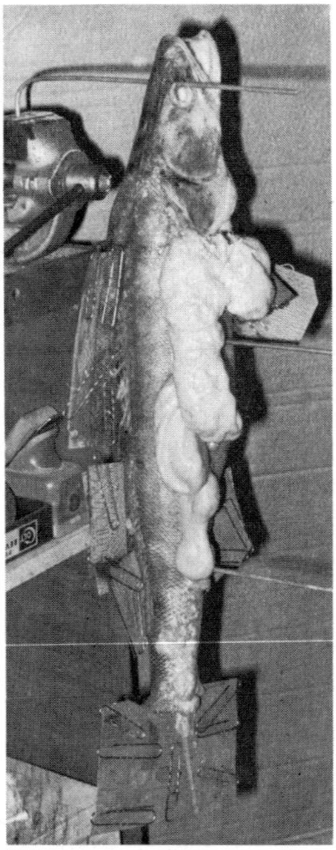

Zum Ausschäumen wird ein Draht durch die Augenhöhlen gesteckt und am Schraubstock befestigt. Auf der rechten Seite, kurz hinter den bruständigen Flossen, wird 500 ml PU-Schaum Typ HR eingefüllt. Die Flossen sollten noch vor dem Ausschäumen den gewünschten Winkel zum Körper erhalten. Der übergelaufene Schaum ist nach dem Erhärten leicht zu entfernen. Nach der Durchhärtung (ca. 15 min) stecken wir den Fisch auf einen Holzklotz zum Trocknen. Die Furnierstreifen haben wir erneuert und die Büroklammern zum Teil durch Wäscheklammern ersetzt. Besonders kräftig zu pressen ist die Schwanzflosse. Dazu verwende ich meistens fünf kräftige Metallklammern und lege eine stärkere Holzlatte unter, ein Drahtbügel sorgt für die richtige Stellung und hebt das Gewicht der fixierenden Anhängsel auf. Jetzt sind die Augen und Backen zu füllen, wobei gerade beim Zander der Backenbehandlung größte Bedeutung zukommt. Erst sehen die Backen schön rund und glatt aus, aber nach der Trocknung sind sie doch runzlig. Dies ist nur durch Entfernen jeglicher Fleischreste und Füllen mit allseitig anliegender Füllmasse zu verhindern.

So hängt er nun auf einer geschnitzten Eichenplatte an der Wand. Farbgebung und Lacküberzug erfolgten in der schon beschriebenen Weise, die Flossen sind durch Beschichtung mit PU'Lack zäh-elastisch, gerade richtig für diese abstehenden Gebilde. Schwierigkeiten machte die silbrigweiße Bauchfarbe, aber eine Mischung aus weißem Farbpulver und Silbercreme (Bronze) brachte das gewünschte Resultat.

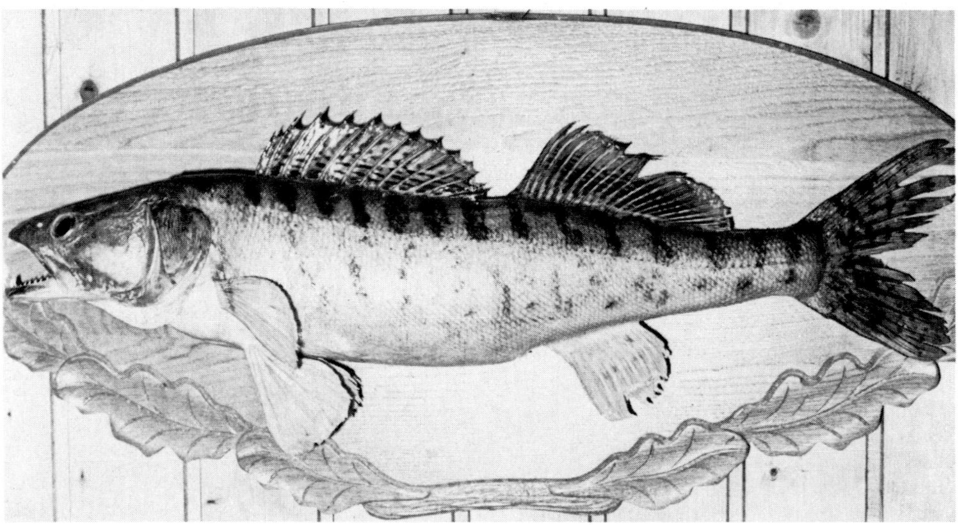

Dieser 2-Kilo-Barsch ist nicht ausgeschäumt, sondern nur mit einer dünnen Schicht Molto-Fill auskaschiert. Die ungemein feste Haut der Barsche ist nach dem Konservieren wie Leder. Dieser Fisch hier hatte eine ausgeprägte Stummelschwanzflosse, die in ihrer ursprünglichen Form erhalten wurde. Vorsicht ist geboten vor der ersten stachelstrahligen Rückenflosse! Ich habe mir einmal diese Flosse in den Ellenbogen gerammt und kann versichern, daß dies wenig angenehm war.

Auch ein stattlicher Bursche von 1 1/2 Kilo und eigentlich recht selten. Ebenfalls auskaschiert mit Molto-Fill und sehr leicht zu machen in seiner geraden Form.

Die gebräuchlichsten Formen für Barsche sind bei mir v. l. n. r. Fisch nach rechts oben, Schwanzflosse hinten – Fisch nach links unten, Schwanzflosse nach vorne – Fisch gerade nach rechts (auch nach links) – Fisch nach links oben, Schwanzflosse nach vorne. Solche Barschgruppen erfreuen sich zunehmender Beliebtheit und stellen auch einen schönen Wandschmuck dar.

Besonders eindrucksvoll ist der ganz präparierte Hecht, zumal in großen Exemplaren. Dieser Fisch hier von 120 cm Länge ist in der beschriebenen PU-Schaum-Technik hergestellt und mit 550 ml Schaum gefüllt. Der Eichensockel ist 5 cm hoch, 11 cm breit und nur mit einer holzmaserbetonenden Grundierung einmal imprägniert. Die beiden Montagedrähte haben 8 mm Ø, sind mit Firnsilber gespritzt und mit Stabilitexpreß in den Eichensockel eingeklebt.

Der erste Montagedraht sollte bei ganzen Fischen nicht zu kurz hinter den Brustflossen beginnen. Für das naturgetreue Aussehen ist die richtige Formgebung von Augen und Bakken entscheidend, ebenso die richtige Stellung von Zungenbein und Kiemendeckel. Hier werden oft sehr phantasievolle, aber falsche Kopfspreizungen vorgenommen.

Oben: Ein Karpfen mit 14,5 kg ist schon ein gewaltiger Bursche, er verdient die Montage auf einer geschnitzten Eichenplatte. Die recht feste Haut macht eine Form zum Ausschäumen überflüssig, wenn beim Fixieren Druckstellen vermieden wurden. Ich biege nach dem Entfleischen einen 5-mm-∅-Draht an einem Ende um und lege ihn in die Schwanzflossenbasis ein; das andere Ende vom Draht kommt stramm in die Hirnhöhle, damit der Fisch die richtige Länge behält. So wird er dann für mehrere Tage in ein 2 %iges Formalinbad gehängt. Später beim Trocknen sind die einzelnen großen Schuppen mit einer Binde nochmals zu fixieren – das heißt, den Fisch umwickeln, um ein Aufstehen der Schuppen zu verhindern. Für die kräftigen Flossen sind Büroklammern viel zu schwach, hier sind Metallfederklammern gerade richtig. Die Schaummenge für diesen dicken Brummer betrug 1100 ml. – Unten: Salmoniden, ausgenommen der Huchen, sind dank ihrer ovalen und seitlich geraden Körperform dankbare Objekte zum Ausschäumen in einer verstellbaren Holzform, wie im Kapitel „Werkzeuge“ beschrieben. Ohne stützende Form werden sie fast immer prall rund wie ein Würstchen und wirken dann recht unnatürlich. Diese Regenbogenforelle aus dem Inn wog fast 3 kg und hatte, wie ersichtlich, nur im hinteren Körperdrittel die typischen schwarzen Punkte. Aufgeschnitten wurde der Fisch von der Brustflossenmitte entlang der Bauchlinie zum After und von dort seitlich an der Afterflosse vorbei zur Schwanzwurzel und in einem bogenförmigen Schnitt nach oben. Für die Schaumfüllung waren 150 ml PU-Schaum erforderlich.

◁ Hechtparade beim Sonnenbad zwecks billiger Trocknung. Der auf dem Sockel stehende Hecht in gekrümmter Form soll die Stellung beim Stoß auf die Beute darstellen. Alle Fische sind mit PU-Schaum gefüllt und mit PU-Lack überzogen.

Das ist er, der König der Salmoniden, ein Huchen von 124 cm Länge. Ich habe ihn mit Absicht an den Schluß dieses Kapitels gestellt, gewissermaßen als würdigen Abschluß, zumal auch mich immer ein prickelndes Gefühl befällt, wenn ich so einen urigen Fisch zum Präparieren bekomme – ich bin ja auch selbst ein leidenschaftlicher Fischer. Ganz klar also, daß ich zu Fischen ein besonderes Verhältnis habe, und ganz speziell zu kapitalen. Bei diesem Huchen waren fast alle Flossen zu 2/3 zerstört und bedurften der Erneuerung durch Stabilit-expreß. Diese Flossenschäden entstanden wahrscheinlich durch die Kescherung (Landung mit einem Netz) des großen Fisches. Die Präparation erfolgte so, daß ich vom Fisch einen Abguß anfertigte, der auch die Flossen beinhaltete. Sodann erfolgte der eröffnende Schnitt von den Brustflossen bis zur Schwanzwurzel, alles Fleisch und Fett wurde entfernt und der Fisch 3 Wochen in einer 5%igen Chinosollösung konserviert. Ausgeschäumt habe ich den Fisch in der abgegossenen Form, ebenfalls mit Polyurethanschaum Typ HR in zwei Etappen zu je 300 ml. Der Kopf wurde zudem besonders behandelt: siehe Kapitel „Huchenkopf". Die ausgebesserten Flossen wurden außenseitig mit einem Fräskopf profiliert und hernach koloriert. Die Farbgestaltung erforderte viel Zeit, weil das Chinosolbad den Fisch etwas gelblich einfärbte. Dies kann durch die Badedauer von 3 Wochen oder die 5%ige Konzentration hervorgerufen worden sein.

Kapitel 4

Flossen

Sehr oft weisen die Flossen der zu präparierenden Fische schwerste Beschädigungen auf, die das Ausbessern nicht mehr lohnen und entfernt werden müssen. Ersatzflossen aus Kunststoff anzufertigen ist auch nicht gerade billig, und so bin ich dazu übergegangen, Flossen regelrecht als Ersatzteile für die am häufigsten anfallenden Fischarten bereitzuhalten. Ich habe schon viele Fischtrophäen mit anderen Flossen ausgestattet, ohne daß hinterher etwas zu merken gewesen wäre. Diese Ersatzflossen besorge ich mir meistens im Fischgeschäft und von Fischern, aber auch bei selbstgefangenen Fischen trenne ich die Flossen zwecks Aufbewahrung ab.

Für die Aufbewahrung müssen die Flossen gründlich entschleimt und hernach konserviert werden, wozu ich für besonders intensiv gefärbte Flossen wie die Fahne der Äsche nur Schwerigal-F-Fixierungslösung verwende, da diese die Farben voll erhält. Für alle anderen Zwecke genügt mir Formalin, da die Flossen später ohnehin farblich angeglichen werden müssen. Ob wir die Flossen nun naß in der Konservierungslösung oder getrocknet aufbewahren, ist von untergeordneter Bedeutung, nur gebe ich zu bedenken, daß getrocknete Flossen sehr viel leichter zerbrechen. Ein weiterer Vorteil bei der nassen Aufbewahrung ist der, daß die benötigten Flossen dann soweit gespreizt werden können, wie wir sie benötigen, und das wissen wir ja immer erst dann, wenn der zu reparierende Fisch vorliegt.

Am Beispiel eines Hechtes sei nun die Flossentransplantation in Schrift und Bild demonstriert.

Wenn die Flossen so wie hier beschädigt sind, hat eine Ausbesserung keinen Sinn mehr. Hier hilft nur noch eine Radikalkur durch den totalen Flossenersatz.

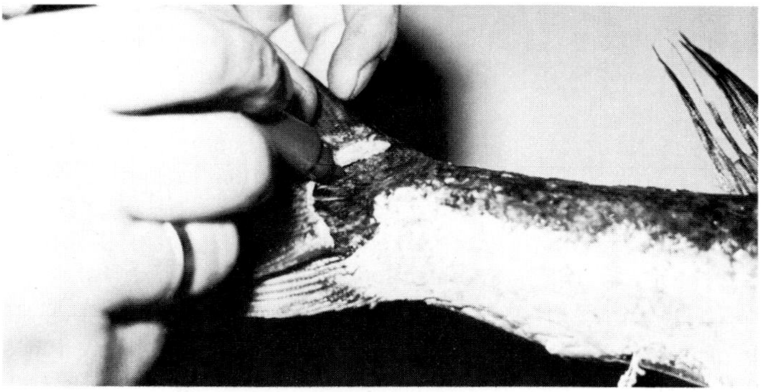

Die bogenförmig ausgeschnittene Ersatz-Schwanzflosse wird auf die beschädigte Flosse aufgelegt und der Schnitt mit einem Filzschreiber vorgezeichnet.

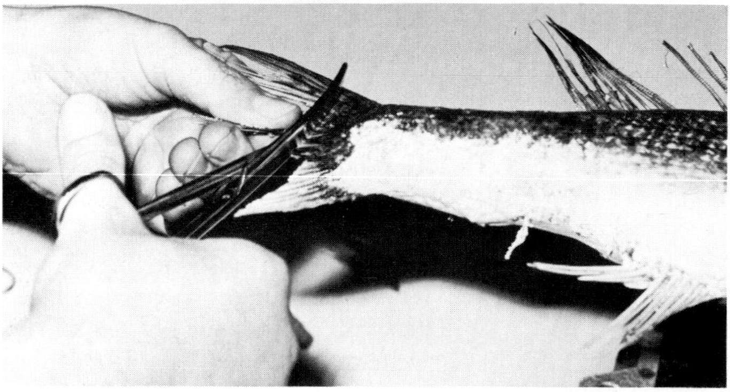

Mit einer kräftigen, gebogenen Schere jetzt dem Strich nachschneiden, dabei kommt es auf einen Millimeter mehr oder weniger nicht an.

So in etwa muß das aussehen. Die beiden seitlichen Überstände geben der Flosse mehr Halt und echtes Aussehen.

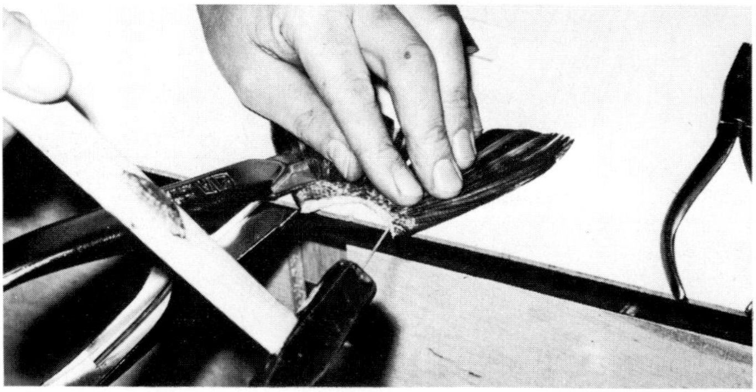

Zwei Cadmiumstifte so in die Ersatzflosse einschlagen, daß sie noch ca. 15 mm herausragen, und dann die Köpfe abzwicken. Vorsicht, die Nagelköpfe springen ganz schön von der Zange.

In der richtigen Lage jetzt die Flosse mittels der zwei Stifte an der Schwanzwurzel feststecken. Ein Luftspalt von 2–4 mm zur Kunstharzaufnahme muß offen bleiben.

Jetzt wird dieser Luftspalt mit Tesafilm abgedeckt, aber so, daß er tatsächlich dicht ist.

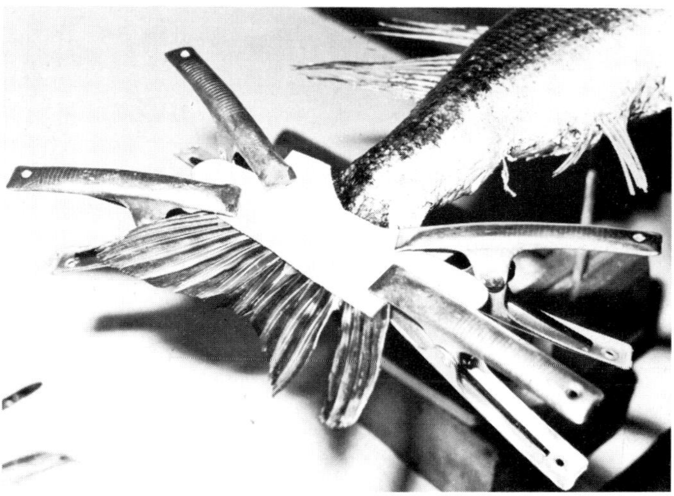

Mit einem zurechtgeschnittenen Furnierplättchen und einem Holzspatel abdecken und mit vier Klammern fixieren – zwei Klammern am Rumpf und zwei an der Ersatzflosse.

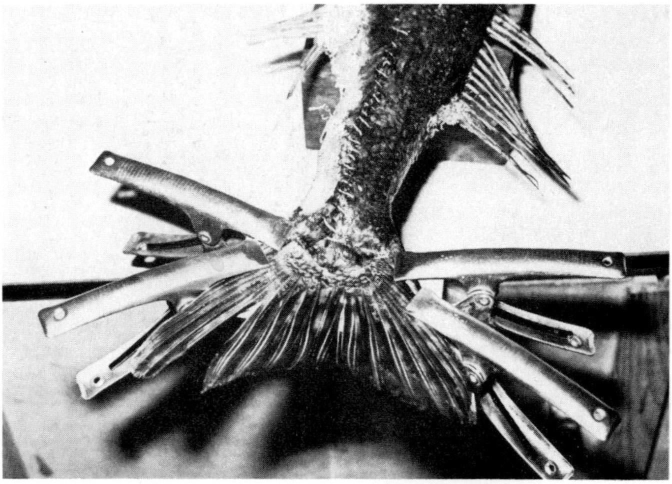

Jetzt den Fisch wenden und im Schraubstock so festziehen, daß der Luftspalt an der Schwanzflosse genau waagerecht liegt.

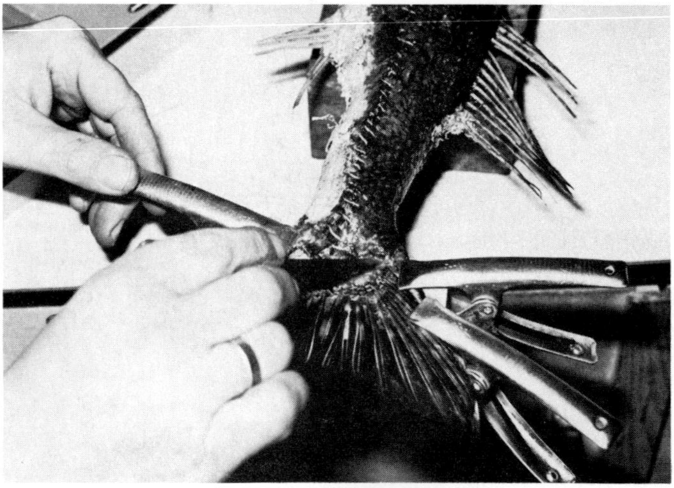

Mit angerührtem Stabilitexpreß kann nun der Luftspalt sauber gefüllt werden. Das Kunstharz darf ruhig etwas überstehen, man muß es ohnehin später etwas abfräsen oder schleifen.

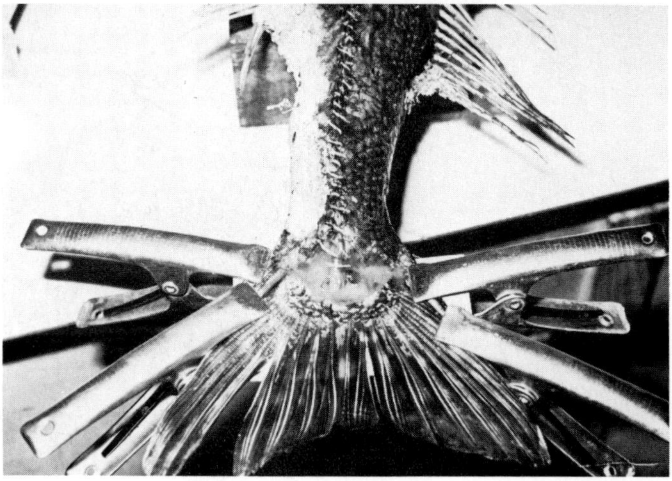

Eine Stunde sollten wir die Klebestelle nicht berühren, damit sie gut durchhärten kann. Später wird in der gleichen Weise, wenn überhaupt nötig, die Rückseite noch mit Stabilit beschichtet. Genauso schließen wir die länglichen Einrisse in der Schwanzflosse. Der Tesafilm wird immer auf der später sichtbaren Seite aufgeklebt und nach dem Aushärten des Harzes wieder entfernt.

Als nächstes war die Afterflosse an der Reihe. Die noch vorhandenen rückseitigen Flossenstrahlen wären nur sehr schlecht in die vorhandene Ersatzflosse einzubauen gewesen, also weg damit – sie stören nur.

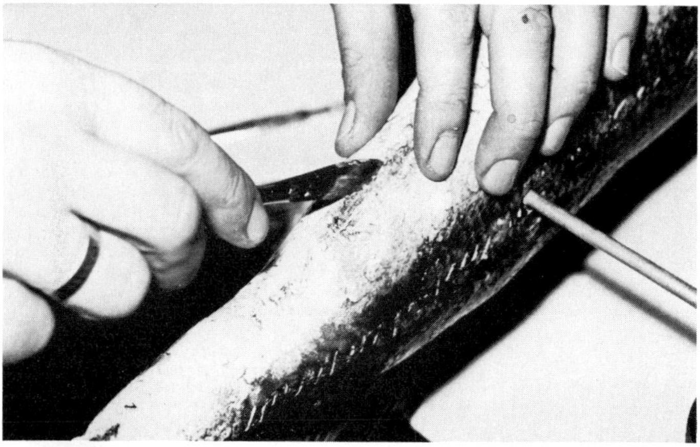

Mit dem Skalpell wird ein ca. 3 mm tiefes Lager für die Afterflosse in den Rumpf geschnitten und die Flosse ebenfalls mit zwei Cadmium-Stiften und Stabilitexpreß eingeklebt. Ich muß anfügen, daß dieser Hecht natürlich mit Polyurethanschaum Typ HR gefüllt ist.

Die Verhältnisse bei der Rückenflosse waren ähnlich trostlos, ich mußte aber die vier vorderen Strahlen belassen, weil die Ersatz-Rückenflosse etwas zu klein ausfiel. Auch hier habe ich ein Lager ausgeschnitten.

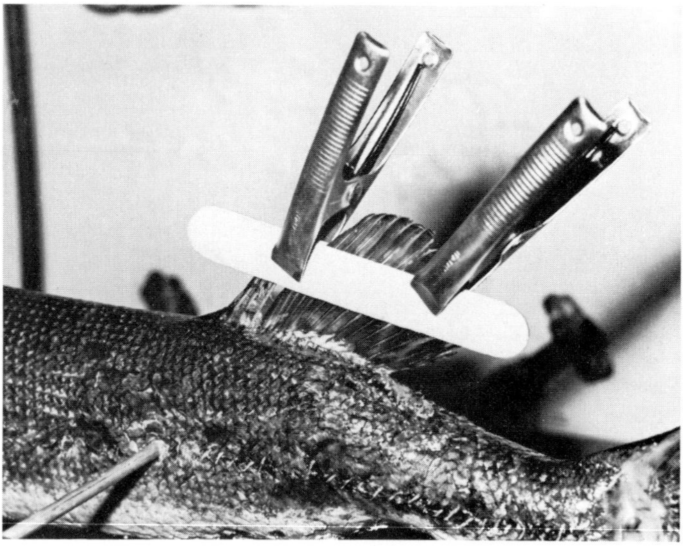

Beim Einkleben der Flosse konnte ich die stehengebliebenen Strahlen gut zum Ausrichten und Fixieren gebrauchen. Die Ersatzflosse ist so einzukleben, daß sie hernach mit den vier Originalstrahlen eine Flosse in richtiger Größe ergibt.

Auf der Vorderseite werden die beiden Rückenflossenteile mit Tesafilm beklebt und dann von der Rückseite her der Luftspalt mit Stabilit-expreß gefüllt. Der hintere Montagedraht ist auf dem Foto gut zu erkennen, ebenso der zugenähte Schnitt, der bis zur Schwanzwurzel reichte. Auf der Unterseite sieht man noch die Einbuchtungen, die von der starken Verletzung des Fisches stammen.

Die Herstellung künstlicher Flossen ist im Kapitel „Hechtkopfrestauration“ ausführlich beschrieben. Total künstliche Flossen sollten immer nur als allerletzte Lösung, wenn kein passender Ersatz aufzutreiben ist, Verwendung finden.

So präsentiert sich nun unser Hecht im Schmuck der neuen Flossen und mit ausgeflicktem Schwanzteil. Es mußten bei diesem Fisch auch die Bauch- und Brustflossen erneuert werden. Selbst alte erfahrene Fischer können bei diesem Hecht nicht feststellen, daß sämtliche Flossen durch Ersatzflossen erneuert wurden. Nur wenn man die Schwanzflosse im starken Gegenlicht betrachtet, ist die Klebestelle sichtbar, da der Kunstharzkleber lichtdurchlässiger als das Flossengewebe ist.

Der Hechtkopf

Als Modell für dieses Kapitel soll der Kopf eines 26,5 kg schweren Hechtes aus einem Karpfenteich dienen, der beim Ablassen zutage kam und mit einer Schaufel erschlagen und so kurz abgeschnitten wurde, daß buchstäblich nur noch Schädel und Kiemendeckel vorhanden waren. Dieses Kopffragment konnte ich gerade noch in letzter Sekunde vor der totalen Zerstörung retten, und ich machte dem Eigentümer nicht gerade ein Kompliment ob seiner Dummheit, hatte er doch eben etwas vernichtet, was in präpariertem Zustand von ungeheurem Wert gewesen wäre.
Kurzum, ich bekam den übel zugerichteten Hechtkopfrest zur versuchsweisen Präparation und Wiederherstellung übergeben, mit der etwas lakonischen Bemerkung: „Aus dem werd do nix mehr."
Nach der üblichen Entschleimung und Konservierung, zum Entfleischen gab es ja nichts mehr – die Backen ausgenommen –, durfte der Kopf in der Heißluftkammer seine Feuchtigkeit abdunsten und sah hernach noch schrecklicher als vorher aus. Für die Wiederherstellung war eine Drahtgitterverlängerung unumgänglich und der am leichtesten zu realisierende Weg, da hierbei sofort die nötige Steifheit vorhanden und mit dünnen Spachtelschichten auszukommen ist.

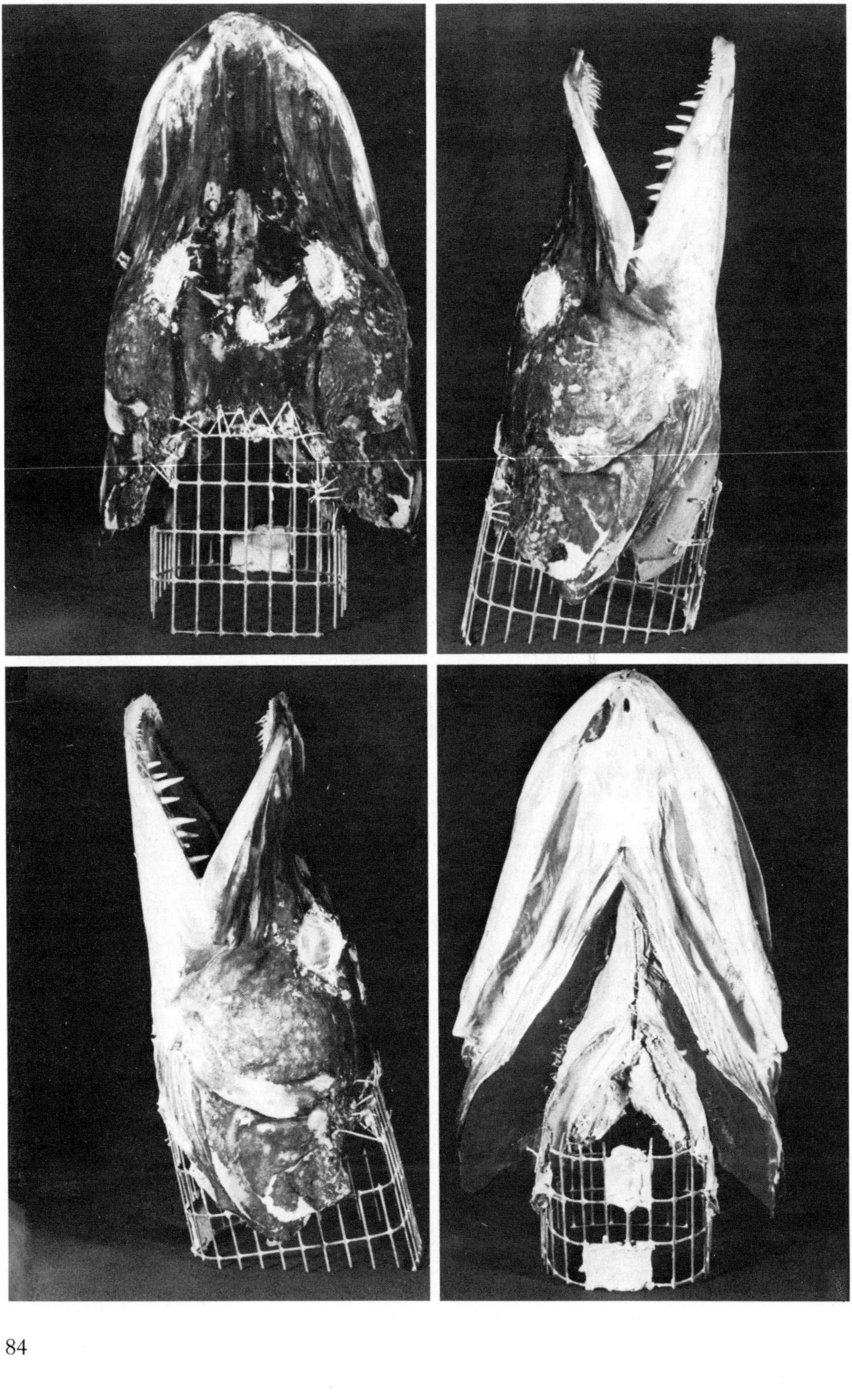

Gegenüberliegende Seite, oben links: Besonders im Nackenbereich muß die Verlängerung sehr fest mit dem Kopf verbunden sein. Hier ist die doppelfädige Vernähung angebracht, wobei der Faden V-förmig vom Kopf zu je zwei verschiedenen Stellen am Gitterrand führt. Dies bewirkt eine Rutschsicherung des Gitters. Ansicht von oben. – Rechts: An den zertrümmerten Resten des rechten Kiemendeckels ist das ganze Ausmaß der unsinnigen Beschädigung zu sehen. Der Knorpelrest unten wurde mehr durch das Gitter gestützt als umgekehrt. Das Gitter ist rückseitig schon in der endgültigen Schräglage zugeschnitten. Ansicht von rechts.

Unten links: Hier fehlten gar Teile vom linken Kiemendeckel, so daß vom Nacken her überhaupt keine Nähverbindung angebracht werden konnte. Der lange Eck-Fangzahn ist 25 mm lang. Ansicht von links. – Rechts: Unten galt es zunächst einmal, die kläglichen Reste mit dem Drahtgitter zu erfassen und nach vorne hin mit einer Naht zu fixieren, da der Fisch bis zur Zunge hin aufgeschnitten war. Ansicht von unten.

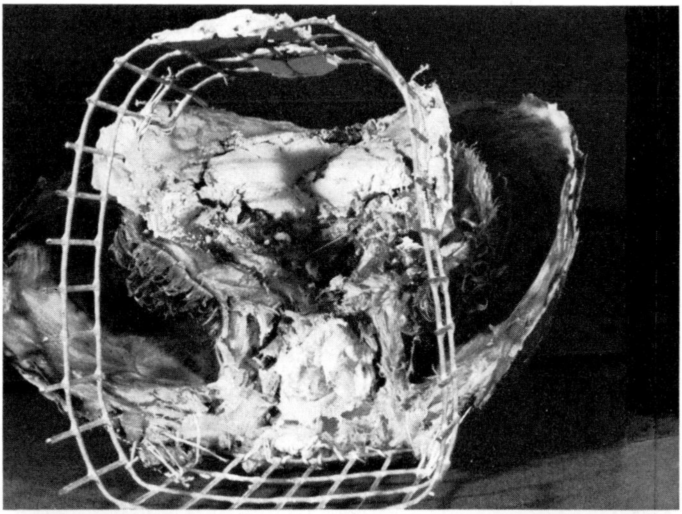

So sieht der eingenähte Gitterstreifen aus, der bis jetzt nur den vorhandenen Kopfkonturen entspricht und später noch etwas vergrößert werden muß. Die noch offenen Stellen zum Kopf hin bekommen anschließend einen Gittereinsatz verpaßt. Ansicht von hinten.

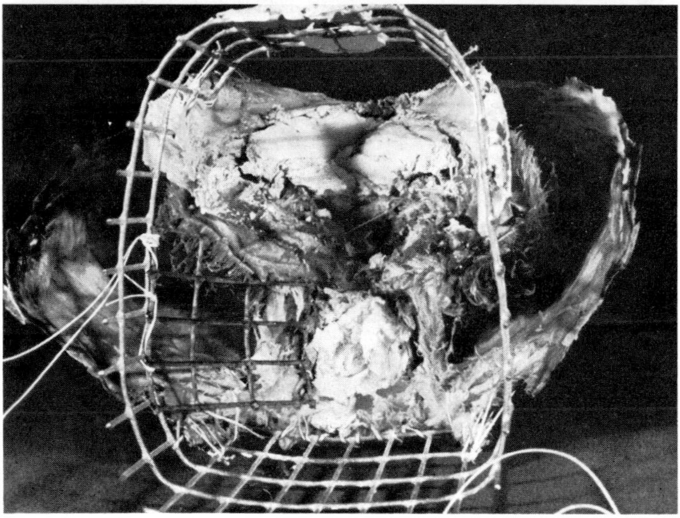

Für die rechte Rücken-Kiemenseite ist eine Extra-Gittereinlage erforderlich, welche eingepaßt und mit Zwirn am schon angenähten Gitter befestigt wird. Diese Teile müssen in etwa den fehlenden Proportionen entsprechen! Zu dieser Arbeit liegt der Kopf rükkenseitig auf dem Tisch.

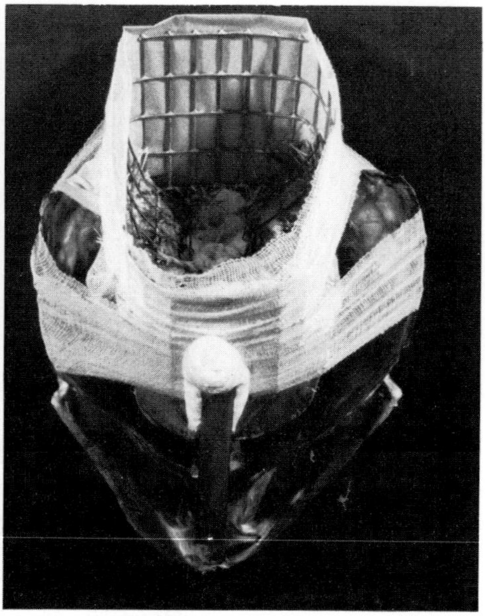

Links: In der gleichen Weise ist auch die linke Seite mit einem Einsatz zu versehen. Hernach wird das Gitter außen mit einer Lage Pergamentpapier umwickelt und mit einer Mullbinde gesichert, um für die aufzutragende Spachtelmasse eine Form zu bekommen. – Rechts: Es ist jeweils nur so viel Spachtelmasse und Härterpaste anzurühren, wie sie für die zu beschichtende waagerechte Gitterfläche erforderlich ist. Ich verwende für diese Arbeiten immer die Polyester-Spachtelmasse „GERO-weichelastisch" mit Härterpaste rot der Firma Geier & Voss, die an meinem Wohnort ansässig ist. Sicher sind die Erzeugnisse anderer Firmen genauso gut, aber man sollte die Vorteile nutzen, wenn ein chemischer Betrieb in der Nähe ist.

Zur Demonstration habe ich hier die Pergamenthülle entfernt. Der Rücken und die linke Seite sind inwendig schon mit der Spachtelmasse beschichtet, die Schicht ist maximal 2,5 mm stark. Dies ist völlig ausreichend, da ja von außen auch noch ein dünner Auftrag erfolgt und die Spachtelmasse durch die Drahtgittereinlage sehr fest wird.

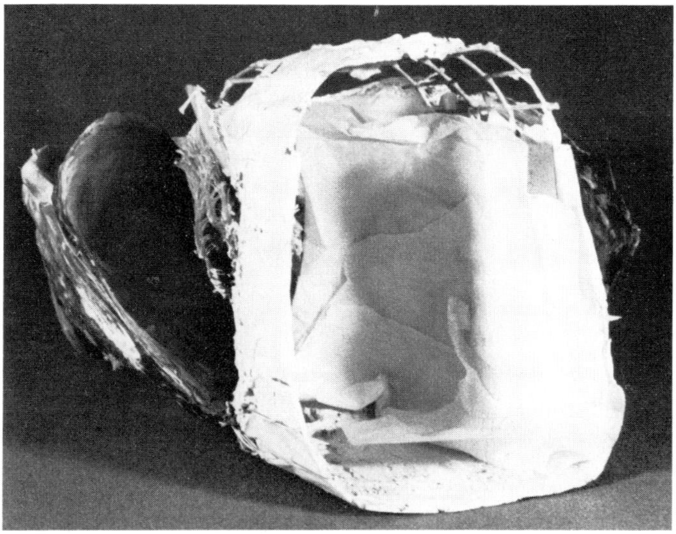

Die Beschichtung kann auch von außen nach innen erfolgen, wobei dann der Kopf von innen mit Pergamentpapier ausgekleidet wird. ▷

Auf der Oberseite wird zunächst nur das Gitter bis zur Naht beschichtet, da die Spachtelmasse nicht so ohne weiteres auf dem Fischkopf haftet. Dieser muß im Ausmaß der geplanten Beschichtung zuvor mit Haftgrundierharz haftfähig gemacht werden. Das Haftgrundierharz muß mit 2 % Härterpaste = 1–2 cm pro Eßlöffel Harz, gründlich verrührt und sofort aufgetragen werden. ▽

Die weiße Farbe zeigt das ganze Ausmaß der Spachtelarbeit, die vorteilhaft von der Kopfspitze bis zum rückwärtigen Ende in einem Arbeitsgang aufgetragen wird. Mit einem angefeuchteten Leinentuch kann die Masse kurz vor dem Anhärten plan angedrückt werden, dies erspart eine ganze Menge Schleifarbeit. ▽

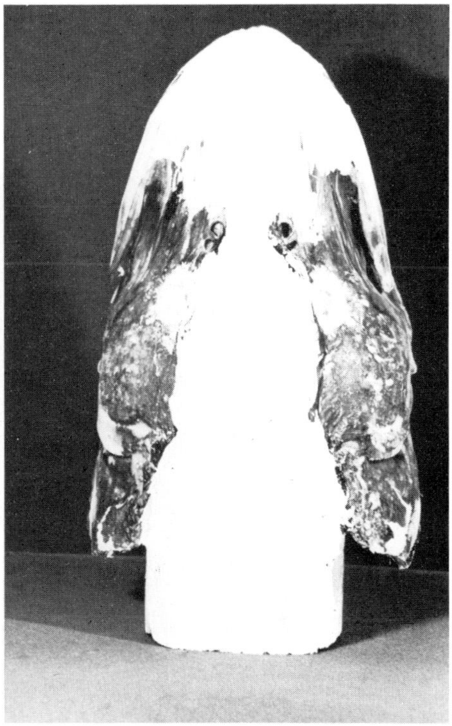

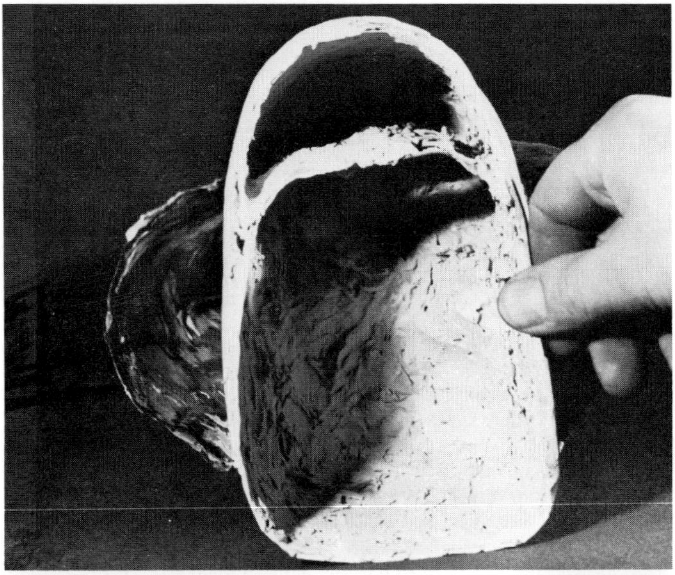

Mit einem zweiten Gitteraufsatz und Spachtelmasse habe ich nachträglich die Bauchseite vergrößert und sodann den Kopf innen allseitig ebenfalls beschichtet. Der nötige Montagedraht oder Gewindestab läßt sich mit der gleichen Masse an jeder Stelle „bombenfest" ankleben. Der günstigste Punkt ist wohl dort, wo die Wirbelsäule wäre.

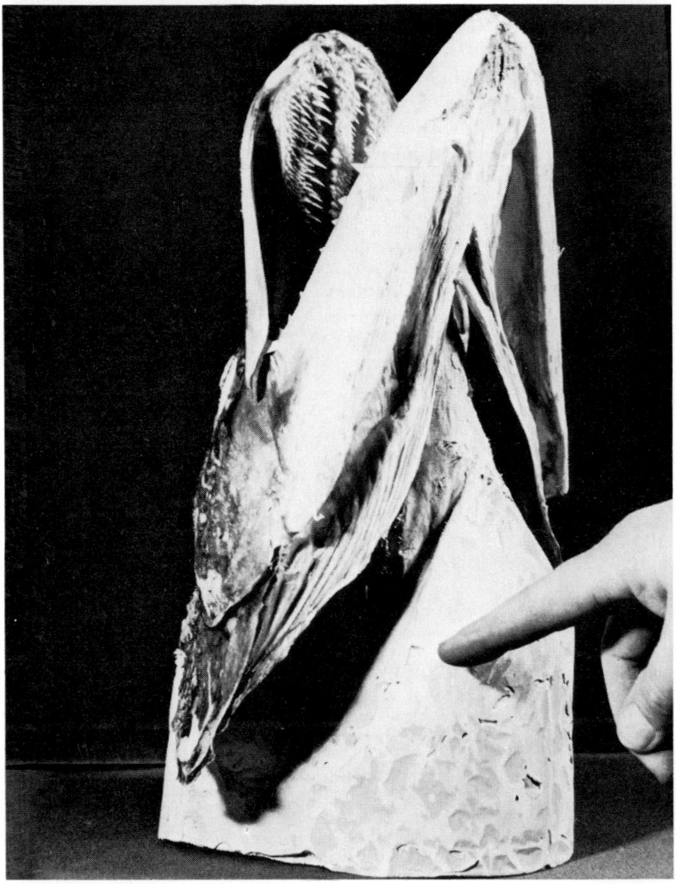

Bis auf einige Löcher und Unebenheiten ist der künstliche Körperteil fertig. Ich zeige auf die Stelle, wo später die künstlichen Flossen anmontiert werden.

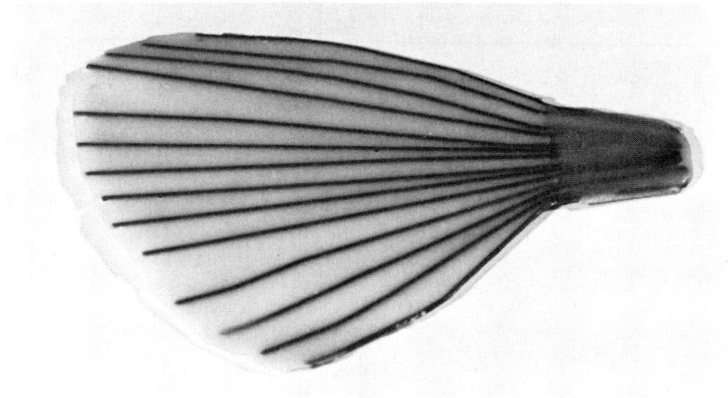

Dies ist eine künstliche Hechtbrustflosse aus Stabilit-expreß mit Blumendrahteinlage. Die Flossenform habe ich von einem 16-Kilo-Hecht abgenommen und allseitig entsprechend vergrößert auf ein Kartonstück aufgezeichnet, dieses verkehrt herum mit Tesafilm bedeckt (die Klebefläche des Tesafilms nach oben) und darauf die zurechtgebogenen Blumendrähte gelegt. Eine dünne Schicht Stabilit-expreß besorgte die nötige Verbindung der einzelnen Drähte und stellt gleichzeitig die Flossenhaut dar. Nach ca. einer Stunde kann der Karton mit dem Tesafilm abgelöst und die Flosse auf der anderen Seite mit dem Harz beschichtet werden. Die Anzahl der Blumendrähte soll in etwa der Anzahl der Flossenstrahlen entsprechen.

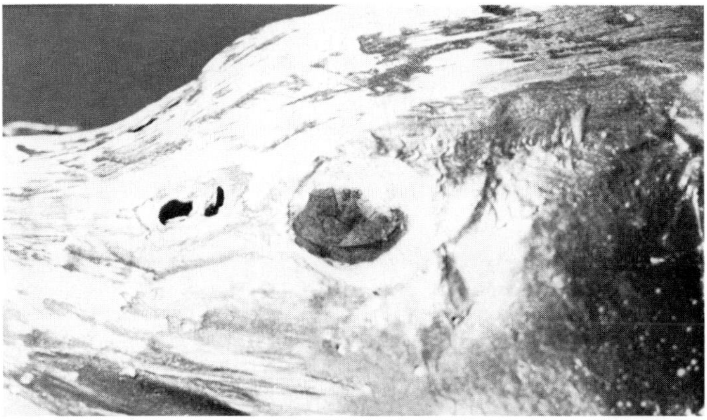

Ohne Augen sieht ein Fischkopf tot aus!

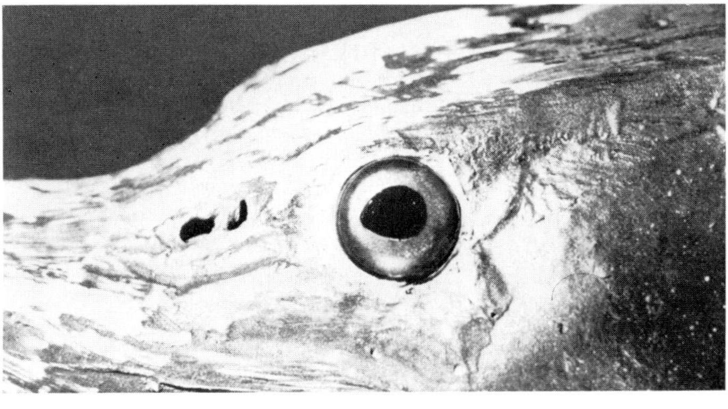

Das CC-Fischglasauge verleiht dem Hechtkopf das nötige Leben und gefälliges Aussehen.

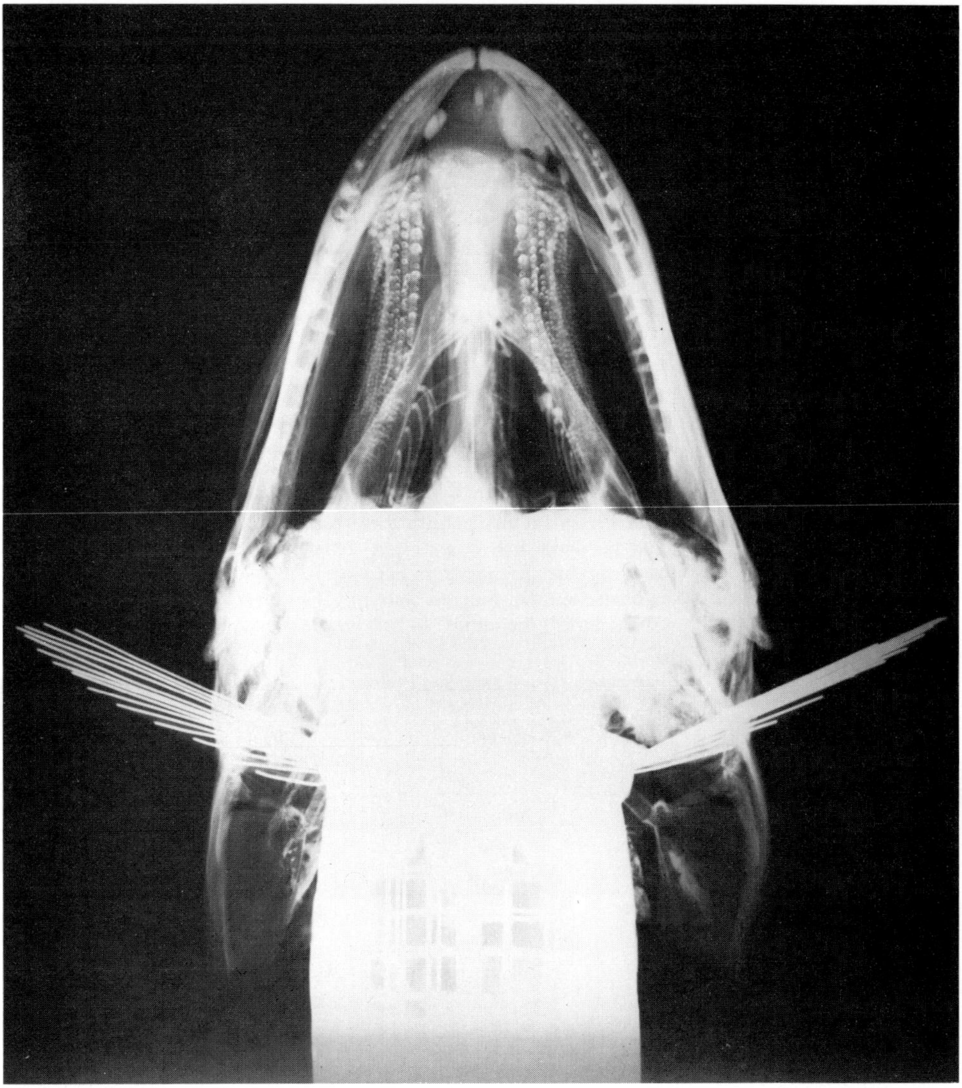

Dr. Hans Rauscher, Facharzt für Röntgenologie, 8200 Rosenheim, hat die Röntgenaufnahme des Hechtkopfes hergestellt. Dieses Foto zeigt am veränderten Dichtefeld die aufgetragene Spachtelmasse sowie die Konturen des eingebauten Gitters und der Drahtstäbe in den Flossen, außerdem – als Hauptsache – das komplette knöcherne Innenleben eines Hechtkopfes mit allen Zähnen und der interessanten Anordnung der Kiemendekkelplatten. Sehr schön zu erkennen sind die beiden Unterkieferhälften und die beiden äußeren Hechelzahnreihen im Oberkiefer. Die mittlere Hechelzahnreihe ist durch die aufgetragene Spachtelmasse auf der Kopfmitte fast nicht zu sehen, da Polyester-Spachtelmasse selbst für Röntgenstrahlen kaum zu knacken ist. Den letzten Schliff bekam dieser Hechtkopf mit einer Kolorierung und einem zweimaligen PU-Lack-Überzug. Anleitung dazu: siehe Kapitel „Farben und Lacke".

Huchenkopf-Restauration

Wertvolle, weil seltene Trophäen verdienen Erhaltung um jeden Preis. Der Kopf eines Huchens von gut 20 kg ist so eine Rarität. Mir wurde 1974 solch ein Huchenkopf mit der Bitte gebracht, ihn etwas aufzufrischen und neue Augen einzusetzen, da er eins verloren hatte. Der vor Jahrzehnten präparierte Kopf war in einem unmöglichen Zustand, und so schlug ich dem Eigentümer eine Radikalkur nach dem Motto „Aus alt mach neu" vor, unter der Maßgabe, daß er bei Nichtgefallen der Arbeit nichts zu bezahlen habe. Mir ging es ehrlich nur darum, einmal meine Möglichkeiten an so einem Objekt zu testen. Der Kunde war einverstanden und überließ mir den Huchenkopf zur Bearbeitung.

Materialaufwand für den Huchenkopf:

500 g Spachtelmasse Gero-weichelastisch für den Körper
50 g Stabilit-expreß für die künstlichen Flossen
2 CC-Fischglasaugen, 28 mm, bemalt
1 Drahtgitter, 1,5 mm Drahtstärke, 15 × 40 cm
12 Blumendrähte, 1 mm stark, 25 cm lang, für die Flossen

Die Arbeitszeit betrug 8 Stunden.

Links: Das ist der „Schrumpfkopf" von oben. Der Körper ist unnatürlich weit bis an die Ränder der Kiemendeckel gespreizt. – Rechts: Die Brustflossen sind zu winzigen Resten gestutzt, der Körper zu 2/3 in die Breite und 1/3 in die Höhe geformt.

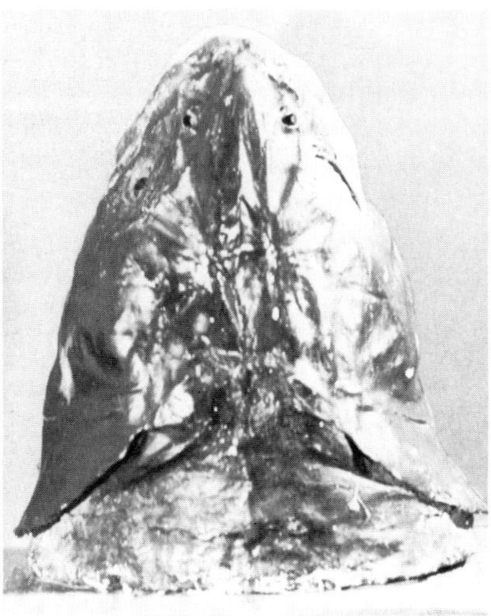

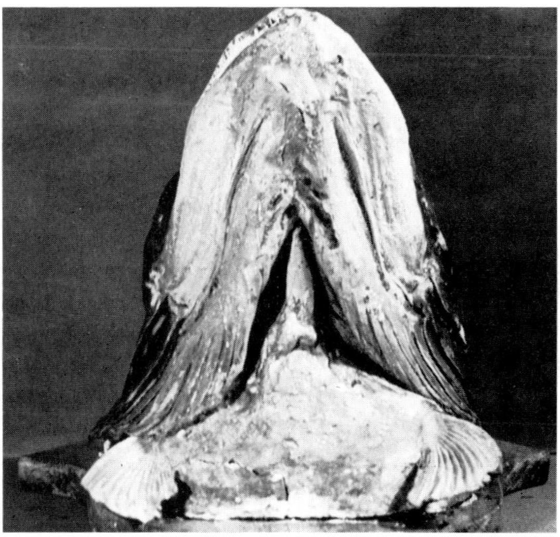

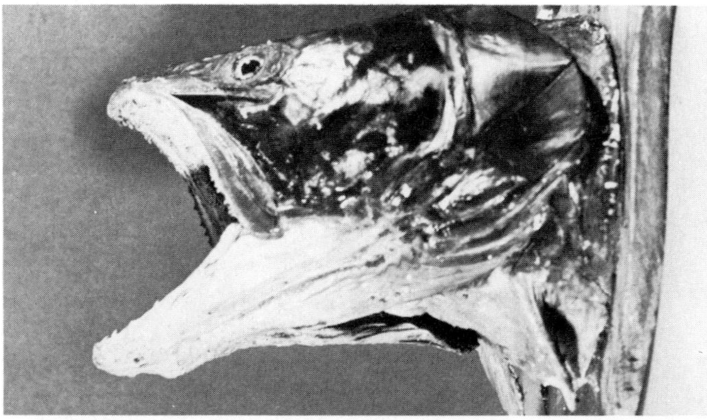

Viel zu kleine Teddybäraugen sind, deutlich sichtbar, eingesetzt worden. Damals gab es sicherlich noch keine speziellen Fischglasaugen.

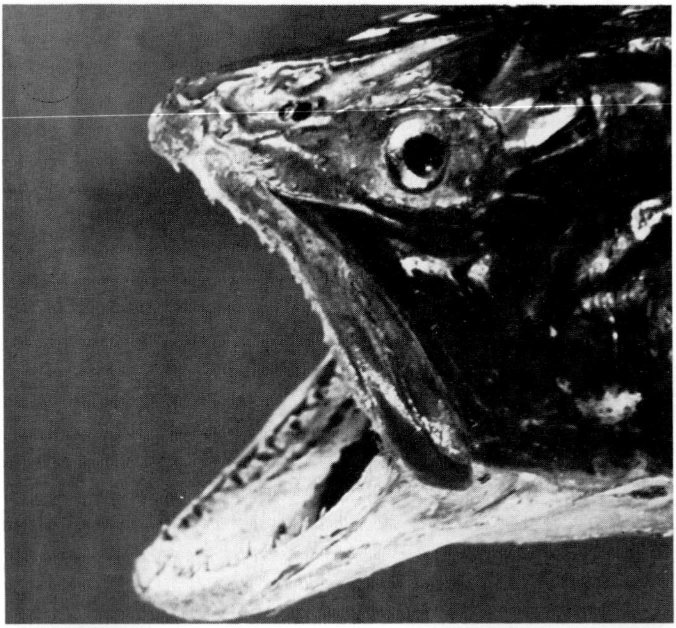

Die Großaufnahme zeigt deutlich die im Durchmesser mehr als 100 % zu kleinen Augen und die Runzeln auf dem Kopf.

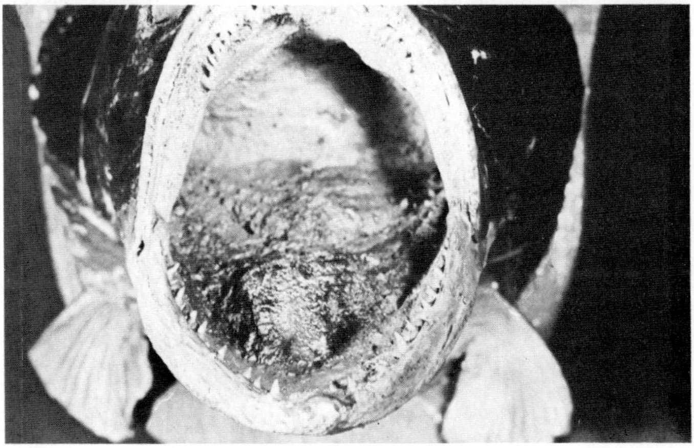

Die Rachenunterseite war mit einer unbestimmbaren Masse derart verschmiert, daß weder die Zunge noch die Kiemen sichtbar waren. Außerdem taten der Staub und Dreck der Jahrzehnte das ihrige dazu.

Rückwärts befand sich am Kopf ein schon reichlich verwittertes Brett. Das Foto zeigt außerdem recht drastisch die verstümmelten Brustflossen.

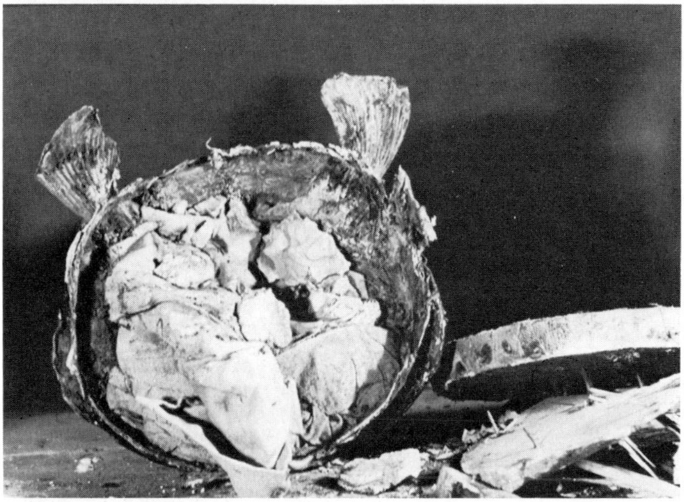

Mit einiger Vorsicht entfernte ich das alte Brettchen sowie eine Kartonscheibe und wieder ein Brettchen. Sodann kamen ein altes Hemd und vertrockneter Lehm zum Vorschein.

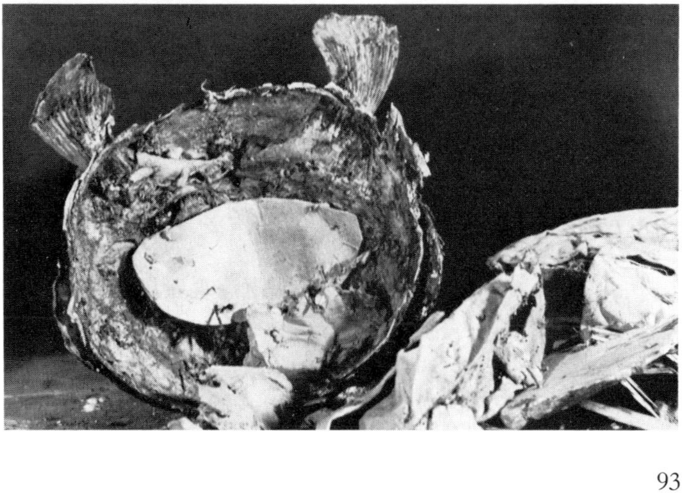

Wieder war eine Kartonscheibe mit verrosteten Stecknadeln im Kopf befestigt und dazu eine Handvoll Lehm. Leider war nirgends der Name des Präparators vermerkt und auch keine Jahreszahl.

Das alles war im Huchenkopf von Anno dazumal: 3 Brettchen, 2 Kartonscheiben, 1 altes Hemd, Papier und einige Hände voll Lehm. Die ganze Angelegenheit sah verheerend aus.

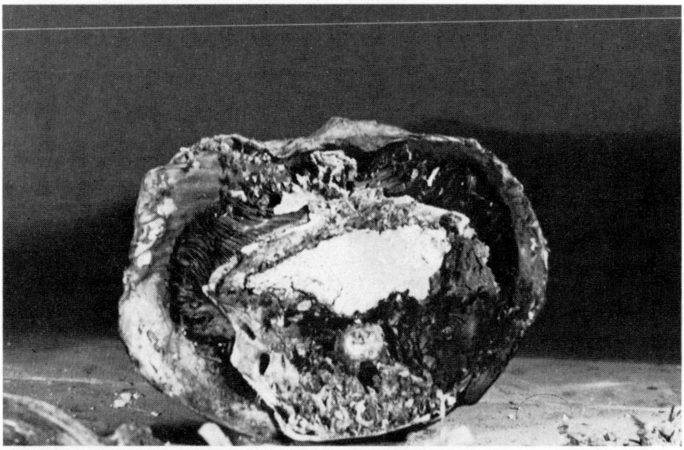

Die ganze alte Haut von der Ausmündung der Kiemendeckel oben bis zum Zusammenschluß unten habe ich restlos entfernt . . .

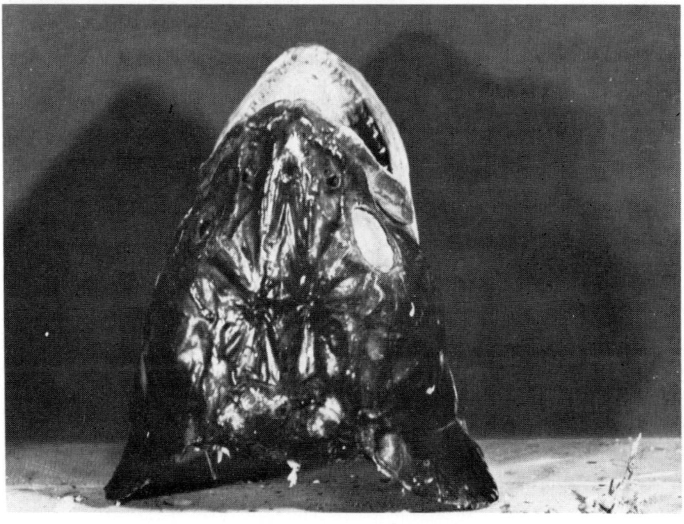

. . . so daß der Kopf nur noch auf den Kiemendekkeln stand. Jetzt war der Zeitpunkt der großen Säuberungsaktion gekommen, die ich mit unverdünntem 25%igem Salmiakgeist vornahm (Salmiakgeist ist unverdünnt ein sehr starkes Abbeizmittel) und mir dabei prompt einige gewaltige Hustenanfälle einhandelte. Danach schabte ich die aufgeweichten Lackschichten ab und wusch mit Universalverdünnung nach. Viel Arbeit machte die Reinigung des Rachens.

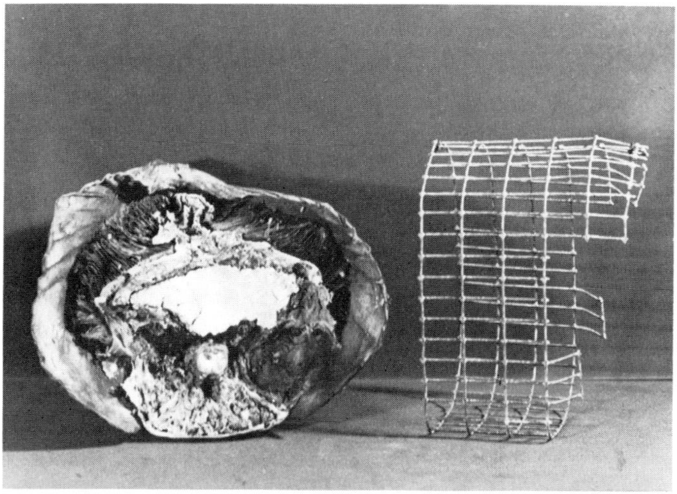

Aus 1,5-mm-∅-Drahtgitter fertigte ich das Gerippe für den künstlich zu formenden Körper.

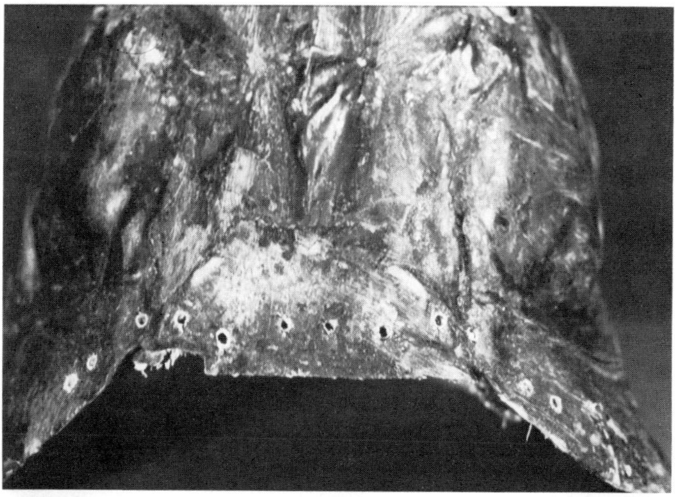

Ringsum mußte ich Löcher vorbohren, um den Drahtgitterkörper annähen zu können.

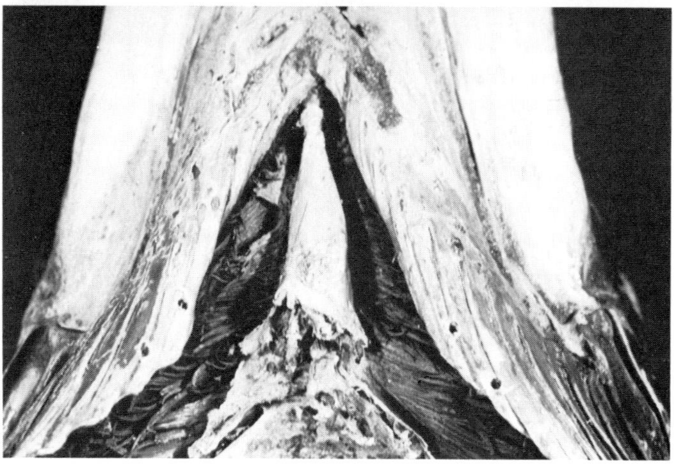

Auch die Unterseite wurde mit Löchern verziert. Hier sieht man sehr schön, wie drastisch ich die alte Haut entfernte.

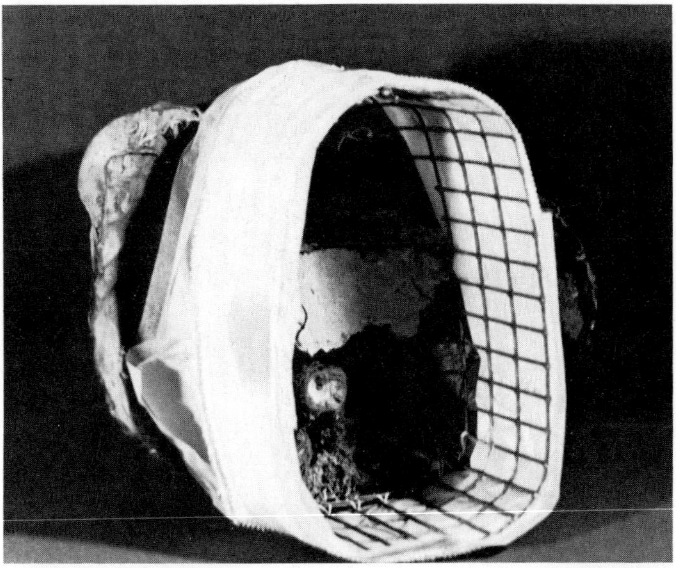

Das Gitter ist angenäht und von außen mit einer Lage Pergamentpapier und einer Mullbinde umwickelt. Das Pergament dient als Trennmittel, weil darauf die Polyesterspachtelmasse nicht haftet. Der erste Spachtelauftrag erfolgt nun von innen auf das Gitter und nur so stark, daß die Drähte nicht mehr zu sehen sind.

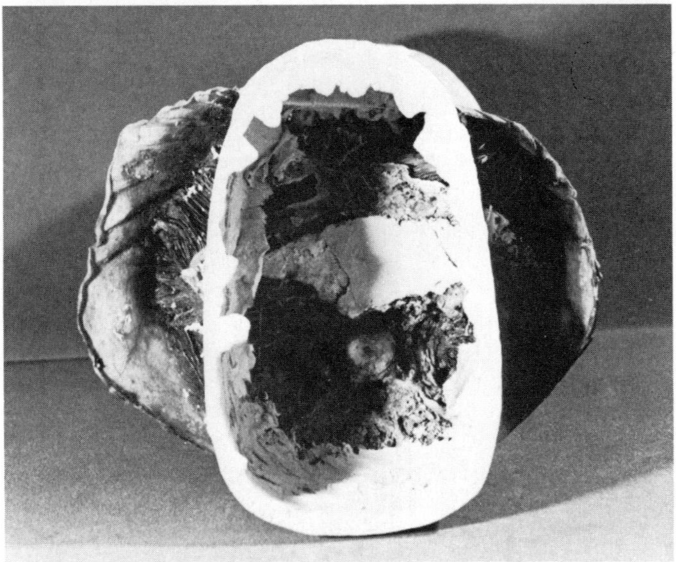

Nach dem Abbinden der Masse konnte die Umwicklung entfernt und das Gitter von außen beschichtet werden. Hernach kam auf eine Glasplatte ein Stück Pergamentpapier, darauf stellte ich den Fischkopf, und die noch nicht ausgehärtete Spachtelmasse bildete ganz von selbst einen planen Abschluß.

Gegenüberliegende Seite. Oben links: An der Unterkieferspitze mußte eine Verletzung egalisiert werden, die wahrscheinlich von einem Landungshaken herrührte und nur mit Lehm zugeschmiert war. – Rechts: Die runzlige Haut auf dem Kopf habe ich stark angeschliffen, mit Aceton entfettet, mit Haftgrundierharz beschichtet, dann mit der Spachtelmasse überzogen und die neuen CC-Fischglasaugen eingepaßt. Hernach habe ich den gespachtelten Kopf mit grobem Schmirgelpapier abgeschliffen.

Unten links: Die Seitenansicht zeigt jetzt schon das brauchbare Resultat und den Umfang des künstlich gestalteten Körpers. – Rechts: Auch der Rachen ist wieder wie neu.

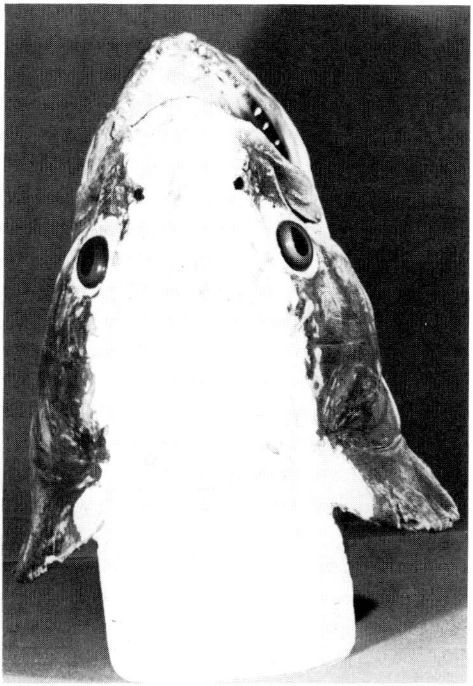
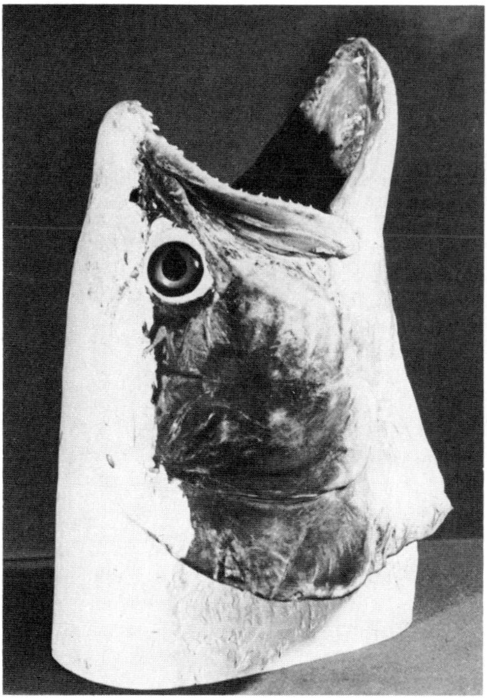
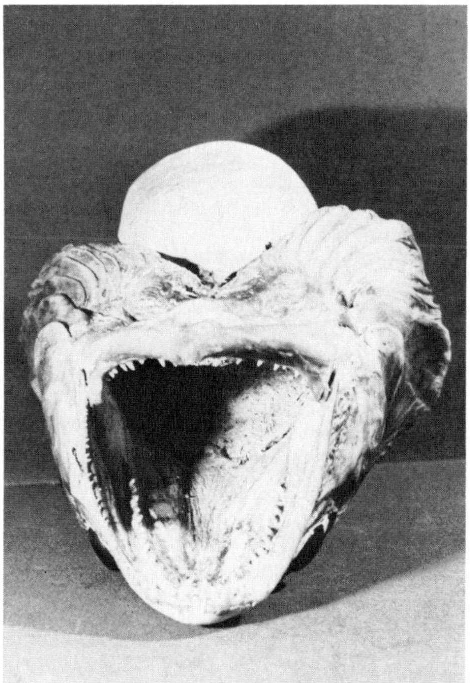

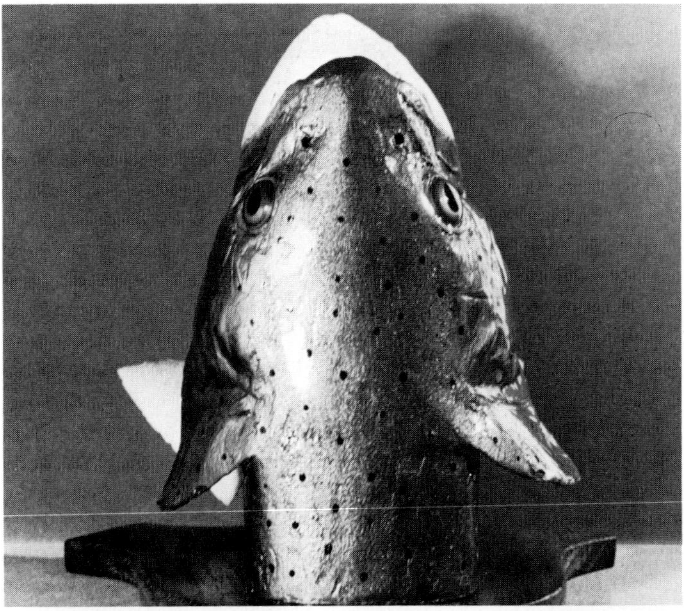

Da Brustflossen für einen 20 kg schweren Huchen nicht zu bekommen sind, mußten diese aus Draht und Stabilit-expreß künstlich angefertigt und in den künstlichen Körper eingeklebt werden. Für den Auftrag der diversen Farbtöne und der schwarzen Punkte nahm ich Kronengrund 121. Der Blick von oben auf den Huchenkopf nach der Radikalkur läßt vom früheren Zustand nichts mehr erkennen.

So hängt er nun an der Wand, verjüngt, umgeformt, mit neuen Augen, künstlichen Flossen und neuem Aussehen. Ich glaube, es können alle drei zufrieden sein. Der Auftraggeber, der Huchenkopf und ... der Präparator.

Kapitel 5 Abgüsse

Fischreproduktionen im Abgußverfahren stellen eine interessante und vom Ergebnis her betrachtet recht gute Technik dar. Mit der üblichen Präparation haben sie jedoch nicht viel gemeinsam, da der Fisch nur kurzfristig zur Herstellung der Negativform benötigt wird und höchstens noch seine Flossen zum späteren Präparat beisteuern muß. Der schwierigste Teil beim Abguß kommt am Schluß, nämlich die natürliche Farbwiedergabe.
Als Material eignen sich: Gips, Molto-Fill, Wachs, Polyesterharz, Siliconkautschuk, zahnmedizinische Abformmassen und Folien. Der Arbeitsablauf ist folgender: 1. Entschleimen; 2. Fixieren; 3. Negativabguß; 4. Positivabguß; 5. Retuschen; 6. Kolorierung.

1. *Entschleimen.* Für eine tadellose Farbwiedergabe am Abguß ist die Anfertigung von Farbnotizen oder, noch besser, ein Farbdia angebracht. Erst dann wird der Fisch in einer Salmiakgeistlösung sowie im Alaun- oder Alkoholbad entschleimt.

2. *Fixieren.* Eine Fixierung ist nicht zwingend notwendig, bringt jedoch durch die Härtung des Fisches und der Flossen viele Vorteile mit sich, da z. B. der fixierte Fisch beim Negativabguß keine Druckstellen aufweist.

3. *Der Negativabguß*

a. Als billigste Abgußmasse bietet sich Gips an, der jedoch den Nachteil hat, daß die Form in der Regel nur einmal verwendet werden kann und bei Hinterschneidungen, zur Entnahme des Positivs, zerstört werden muß. Gips ist dünnteigig mit Wasser anzumischen und auf eine Fischseite aufzutragen. Nach dem Abbinden des Gipses wird die Form gewendet, die Ränder der Form mit Trennwachs oder -lack behandelt und die noch freie Seite des Fisches mit Gipsbrei beschichtet. Die Gipsform kann mit Sackleinenstreifen armiert, d. h. verstärkt werden. Die beiden Negativformteile müssen gründlich trocknen und vor dem Positivguß mit einem Trennmittel behandelt werden.

b. Für die Verwendung von Molto-Fill gilt das gleiche.

c. Ein Gemisch aus Bienenwachs und Paraffin 1 : 1, Schmelzpunkt etwa 42 °C, liefert eine recht gute Abformmasse und kann immer wieder eingeschmolzen und neu verwendet werden. Zum Negativabguß des Fisches genügt es, diesen in einen mit Pergamentpapier ausgelegten Karton zu stellen und allseitig ca. 1 cm stark mit dem geschmolzenen Wachs zu bedecken bzw. zu übergießen. Damit der Fisch nicht wackelt oder umfällt, legt man ein paar zurechtgedrückte Wachskugeln unter. Nachdem das Wachs abgekühlt und erstarrt ist, wird mit einem Längsschnitt die Form in zwei Hälften geteilt und der Fisch entnommen. Die beiden Negativhälften werden einige Stunden kalt gewässert und sind hernach zur Weiterverarbeitung genügend gehärtet.

d. Die Idealmasse für Negativformen ist der Siliconkautschuk, der hochelastisch und vielfach ausgießbar ist, so daß man von einem Negativ viele Positive anfertigen kann. Der mit Härter vernetzte Siliconkautschuk wird auf den abzuformenden Fisch aufgegossen, dies kann allseitig in einem Guß erfolgen. Nach der Vulkanisation wird die Form bauchseitig aufgeschnitten, auseinandergezogen und der Fisch entnommen. Nähere Angaben dazu im Kapitel „Chemikalien".

e. Die in der Zahnmedizin gebräuchliche Abformmasse, der sogenannte Dental-Gips, liefert wenige Minuten nach dem Anmischen mit Wasser und dem Abformen eine fertige Negativform, die nicht getrocknet werden darf.

4. *Der Positivabguß.* Dafür kommen hauptsächlich Gips, Polyesterharz, Polyurethanschaum (geschlossenporige Oberfläche) und andere Stoffe in Betracht.

a. Zweischalige Negative werden einzeln mit Gips oder Molto-Fill auskaschiert, eventuell mit Leinenstreifen verstärkt und erst am Schluß zusammengefügt. In der Regel wird man mit Schalenformen nur einseitige Abformungen vornehmen.

b. Wenn wir Polyesterharze für den Positivguß verwenden, ist es am besten, wenn das Negativ aus Kautschuk gefertigt wurde, weil diese beiden Materialien keine Verbindung eingehen und sich die Form leicht vom Harzgießling abziehen läßt. Es ist nicht nötig, daß die wasserklare Gießharztype GTS dazu zur Anwendung kommt, vielmehr läßt sich sehr gut das billigere Bauharz dazu verwenden. Die Härterzugabe kann zwischen 1 und 2,5 % variieren und ist von der erwünschten Topfzeit und Endhärte abhängig. Auch Flossen lassen sich recht gut mit Silicon abformen und mit Harz ausgießen. Zur Armierung der doch zerbrechlichen Flossen kann dünne Glasseide eingelegt werden, die später nicht zu sehen ist. Der Grundfarbton des Fisches kann vor dem Guß dem Harz beigemischt werden, nur sollte man mit Polyesterfarbpasten sparsam umgehen – sie färben ungemein kräftig ein!

c. Eine weitere Möglichkeit für den Positivabguß ist uns mit den Polyester-Spachtelmassen (hier: Gero-weichelastisch) geboten, die mit Gieß- oder Bauharz, noch nicht ganz so günstig mit Styrol, verdünnt und aufgepinselt werden können. Die Härtermenge ist etwa 1 cm Härterpaste pro Eßlöffel Spachtelmasse, Topfzeit ca. 8 min. Diese Masse ist ebenfalls mit Farbpasten einfärbbar und im Lieferzustand von grauer Farbe.

d. PU-Schäume, auf Zwei-Komponenten-Basis 1 : 1 mischbar, machen bei Verwendung von Siliconkautschukformen eine Armierung aus Polyesterharz oder Gips erforderlich, da beim Ausschäumen starke Drücke entstehen, die die elastische Kautschukform allein nicht bewältigen kann. Der Hauptvorteil beim PU-Schaum liegt in seinem enorm geringen Gewicht, was bei Abformungen großer Fische von Bedeutung ist. Es lassen sich damit aber nur Fischkörper, keine Flossen nachbilden.

5. *Retuschen* sind immer dann erforderlich, wenn beim Abguß durch Luftblasen auf dem Negativ einige Partien schlecht erfaßt wurden. Bei einem Gips- oder Molto-Fill-Positiv sind Retuschen

Dieser Gipspositivguß, einseitig, einer 4-Kilo-Regenbogenforelle, nach einem Wachsnegativ, ist in ganz einfacher Art angefertigt und findet trotzdem bei Sportfischern viel Anklang. Das Schwarzweißfoto zeigt leider nicht die schönen Farben.

immer vor dem Austrocknen vorzunehmen. Poröse Stellen im Polyesterharzabguß werden mit Spachtelmasse verschlossen. Bei Fischen mit ausgeprägtem Schuppenmuster müssen alle Stellen gleich gut abgeformt und bedeckt werden.

a. Extra präparierte oder nachgeformte Flossen sind an den richtigen Körperstellen mit Stabilit-expreß oder einem anderen Klebstoff anzumontieren. Bei einem Gipspositiv muß dieses vorher total getrocknet sein.

b. Für die Montage gibt es drei Möglichkeiten. Der Abguß kann stehend, hängend oder seitlich montiert werden. Man könnte diese Montagehilfsmittel schon beim Abguß mit einbauen, aber einfacher ist es, sie hernach anzubringen. Bei einem Gipsabguß wird die Schnuröse für hängende Montage oder die Messinghülse für stehende Montage in eine vorgebohrte Öffnung eingegipst. Dabei nach Möglichkeit auf den Schwerpunkt des Fisches achten, damit er gerade hängt oder steht. Wenn der Fisch aus Polyesterharz gegossen wurde, kann ein Loch vorgebohrt und ein Gewinde eingeschnitten werden, in welches später der Montagestab einzuschrauben ist. Bei der seitlichen Montage, hauptsächlich für einseitige Abformungen, genügt in der Regel eine eingegipste oder geklebte Drahtöse zum Aufhängen. Aber auch hier den Schwerpunkt beachten.

6. *Die Kolorierung*, also die natürliche Farbgebung, ist, wie schon eingangs gesagt, der schwierigste Teil der ganzen Abgußtechnik. Der feine Metallglanz auf den Schuppen und Kiemendeckeln, die diversen Flecken, Punkte, Bänderungen und Schatten müssen bei einem Abguß, soll er lebensecht werden, Schuppe für Schuppe einzeln aufgetragen werden. Für diese schwierige Arbeit leisten die Farbnotizen oder das Farbdia jetzt willkommene Hilfe. Wer Fotofreund ist und ein Vergrößerungsgerät sein eigen nennt, kann das Farbdia einlegen und auf den Fischabguß projizieren (ein Diaprojektor ist dazu nicht brauchbar). Durch entsprechende Höhenverstellung läßt sich der Maßstab 1:1 ganz genau einstellen. Auf diese Art bekommt man die Farb- und Mu-

Abguß eines Seehasen. Negativ: Siliconkautschuk der Firma Voss. Positiv: Polyesterbauharz mit Glasseide laminiert. Auge: CC-Fischglasauge. Farben: Bronzepulver in Polyurethanlack.

stervorlage genau auf die richtige Stelle und braucht nur noch nachzumalen. Beim Fotografieren erziele ich die besten Ergebnisse in Hinblick auf Farbwiedergabe mit dem Agfa-Professional-Kunstlichtfilm 18 DIN. Dabei wird der Fisch mit einer 1000 Watt Halogenlampe ausgeleuchtet und bei Blende 8–11 und einer Verschlußzeit von 1/30 bis 1/60 s, abhängig von der Grundfarbe des Fisches, aufgenommen.

Kunstharzeinschlüsse

Schon vor 500000 Jahren, zur Altsteinzeit also, war den Menschen der Bernstein bekannt, und schon damals, wie auch heute, war er als Schmuck sehr beliebt. Häufig sind im Bernstein Tiere eingeschlossen, die vor Jahrmillionen gestorben sind, aber dank der schützenden Bernsteinhülle erhalten blieben. Wir wissen, daß Bernstein aus hartgewordenem Harz der Bernsteinfichte und anderer Nadelbäume der Tertiärzeit entstanden ist.
Dem Erfindergeist des Menschen ist es in unserer Epoche nun gelungen, auf chemischem Wege einen künstlichen Bernstein, das Polyesterharz, herzustellen. Ob dieses Produkt der chemischen Industrie jedoch wie der echte Bernstein Jahrmillionen überdauern wird, ist zu bezweifeln. Auf alle Fälle eignen sich die Kunstharze hervorragend zum Einschluß von vielerlei Gegenständen, und darauf kommt es uns im Augenblick an.
Für den Kunstharzeinschluß eignet sich besonders das hochtransparente Polyestergießharz von wasserklarer Farbe. Ich verarbeite seit vielen Jahren das Gießharz GTS der Firma Geier & Voss. Die Erzeugnisse, ganz gleich, von welcher Firma sie kommen, sind

vom Grundstoff her immer die gleichen, so daß es wahrscheinlich keine großen Unterschiede gibt.
Polyestergießharz ist eine hervorragende Einbettungsmasse für feste und trockene Gegenstände und auch für die Einbettung von Krebsen und Muscheln gut geeignet. Für Fische, soweit sie absolut lebensecht erhalten werden müssen, ist es weniger gut, hier ist in jedem Fall die Schwerigaleinbettung vorzuziehen. Ich verwende es hauptsächlich für Fischgebisse, Angelgeräte, Schildkröten, Krebse, Fischschuppen und Flossen. Es ist auch sehr gut für die Herstellung von Korrosionspräparaten geeignet, die jedoch im normalen Alltag höchst selten vorkommen. Für die ständige Verarbeitung von Polyesterharz wäre zum Entzug der Luftblasen eine Unterdruckkammer mit entsprechender Kühleinrichtung zur Reduzierung der Reaktionswärme von Vorteil, jedoch verfügen die wenigsten Präparatoren über solche Hilfsmittel.
Die zur Polyesterharz-Einbettung vorgesehenen Gegenstände bedürfen in jedem Fall einer gründlichen Vorbehandlung. Sie müssen, soweit dies möglich ist, entwässert und getrocknet oder mehr oder weniger lange in Styrol gebadet werden. Im wesentlichen sieht das so aus, daß der in Formalin konservierte Fisch drei Tage lang in ein Spiritusbad kommt (unverdünnter Brennspiritus) und dieser täglich erneuert wird. Anschließend folgt ein dreitägiges Styrolbad, welches ebenfalls täglich zu erneuern ist. Erst dann ist der Fisch für die Einbettung genügend vorbereitet.
Nun zum Polyestergießharz selbst. Die Harztype GTS ist für Einbettungen vorzüglich geeignet und von wasserheller sirupartiger Beschaffenheit. Es enthält bereits Kobaltbeschleuniger und macht nur noch eine MEK-Härterzugabe von 0,6 bis 2 Prozent nötig. Für besondere Zwecke kann eine zusätzliche Beschleunigerzugabe notwendig werden, dabei ist jedoch unbedingt zu beachten, daß Härter und Beschleuniger dem Harz nie gleichzeitig zugefügt werden, da sonst höchste Explosionsgefahr besteht. Immer muß der eine Zusatz gründlich mit dem Harz verrührt sein, ehe der andere zugegeben wird. Die Reihenfolge dabei ist belanglos. Die Zeitspanne zwischen Härterzugabe und Beginn der Gelierung des Harzes nennt man Topfzeit, sie kann an Hand folgender Tabelle ermittelt werden: angenommene Raumtemperatur 20 °C (nach Voss).

Härtermenge	Topfzeit	Endhärte nach
2,5 % MEK-Härter	45 min	10 Std
1 % MEK-Härter	35 min	2 1/2 Std
1,5 % MEK-Härter	25 min	2 Std
2 % MEK-Härter	20 min	1 1/2 Std
2,5 % MEK-Härter	15 min	3/4 Std

Je größer die auf einmal zu verarbeitende Harzmenge ist, um so weniger MEK-Härter darf verwendet werden. Nachfolgende Mengentabelle gibt die Empfehlung des Herstellers wieder:

Harzmenge	MEK-Härtermenge
bis 50 g	1,5–2,5 %
bis 200 g	1,5–2,0 %
bis 1000 g	1 %
darüber	0,8–0,6 % (20 Tropfen MEK-Härter = 1 g)

MEK bedeutet Methyläthylketonperoxyd, flüssig. Beim Umgang mit dem Härter ist die nötige Sorgfalt angeraten, da dieser augenätzend und auch sonst gefährlich ist.
Das ausgehärtete Gießharz zeichnet sich durch sein geringes Gewicht (Dichte 1,2 g ml) und durch seine Unempfindlichkeit gegen Öl, Benzin, Seewasser, nicht konzentrierte Säuren und Laugen aus. Es kann wie Holz oder Metall bearbeitet, also gesägt, gefräst, gebohrt, geschnitten, gedreht, gefeilt, geschliffen und poliert werden. Es kann transparent belassen oder auch eingefärbt und durch die Zugabe eines Härters auf kaltem Wege in den festen Zustand überführt werden, wobei trotz des „kalten Weges" beim Aushärten die Polymerisationswärme ganz beachtlich werden kann. Wenn hier die rechtzeitige Kühlung im Wasserbad oder Kühlschrank übersehen wird, sind Risse im Harz und Braunfärbung kaum noch zu vermeiden.
Durch eingelegte Glasseidematten ist eine Armierung des Harzblockes möglich und kann bei schwach eingefärbtem Hintergrund reizvolle Effekte bilden.
Einbettungen werden in der Regel im Gießverfahren hergestellt. Als Form eignen sich Glasgefäße mit glatter Innenwand und gleichbleibendem oder sich nach oben erweiterndem Durchmesser. Noch besser sind jedoch spezielle Gußformen aus Kunststoff, die die Harzhersteller meistens in ihrem Lieferprogramm anbieten. Für den Selbstbau einer Gießform bietet sich Resopal oder Glas als Werkstoff an. Resopal ist leichter zu verarbeiten, aber Glas hat den Vorteil, daß das einzugießende Objekt ständig beobachtet werden kann. Die fünf Teile einer Gießform (Bodenplatte und vier Seitenteile) werden vor dem Harzguß auf der Innenseite gründlich mit Trennwachs eingerieben und hernach poliert, wobei die Ecken und Kanten besonders gründlich behandelt werden müssen. Die so vorbereiteten Formteile sind nun mit UHU-hart zusammenzukleben und die Kanten außerdem noch mit Tesafilm zu verstärken.
Da manche Stoffe, vor allem Farbstoffe, aber auch verschiedene Metalle, von flüssigem Polyester angegriffen werden – Farbstoffe verblassen oder bluten aus –, sind vor jeder Einbettung entsprechende Versuche anzuraten.
Nun noch an einigen Beispielen die praktische Arbeitsanleitung.
Anzufertigen war ein Harzblock mit Karpfengebissen für Schulungszwecke. Die Gießform fertigte ich versuchsweise aus völlig planen Holzlatten für die Seitenteile und einer Sperrholzplatte für den Boden, alles mit Hostaphanfolie beschichtet, an. Das Gießharz wurde jeweils mit 1 % MEK-Härter versetzt.

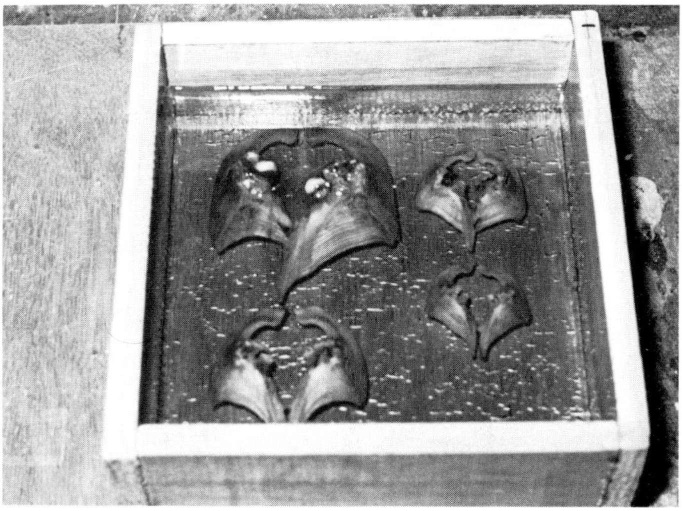

Die erste, ca. 1 cm starke Harzschicht ist bereits angehärtet, und die vier Gebisse sind aufgelegt. Die Gebisse wurden vor dem Einguß gebleicht und getrocknet, nicht jedoch mit Lack beschichtet!

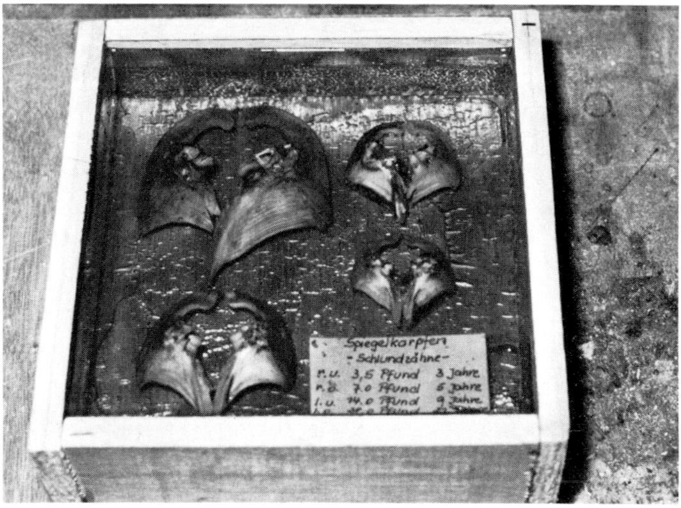

Ein Stückchen Fotopapier wurde mit Tusche beschriftet und, in Styrol getränkt, auf das Harz aufgelegt. Dann erfolgte der zweite und zugleich letzte Harzguß in der erforderlichen Stärke – hier waren es 4 cm = 950 ml Harz/Härter/Gemisch.

Bei Beginn der Wärmeentwicklung, nach etwa 40 min, tauchte ich die Form samt Inhalt in etwa 10°C kaltes Wasser und beließ sie dort für 30 min. Am nächsten Morgen ließ sich der Harzblock mühelos aus der Form lösen. Die Abb. zeigt die völlig undurchsichtige Oberfläche des Blockes.

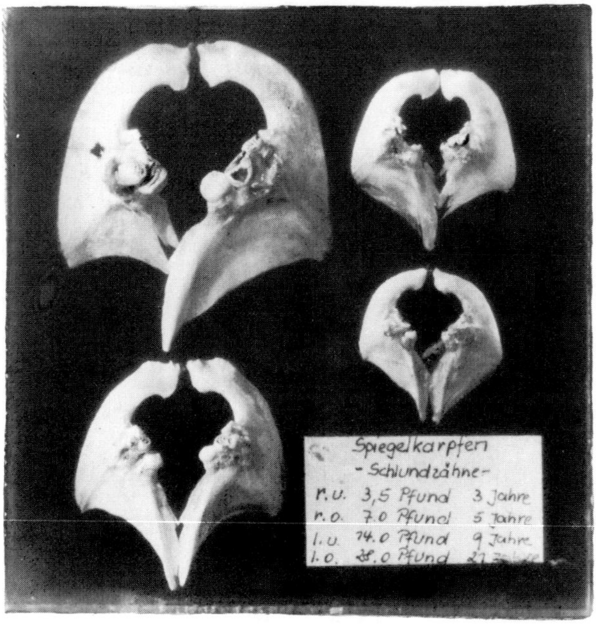

So sieht der Harzblock nach dem Naßschleifen mit Schleifpapier folgender Körnungen aus: 180 – 320 – 400 – 600 und Polierpaste. Er hat bei dieser Behandlung allseitig zwischen 2 und 4 mm an Dicke verloren, je nach den vorhandenen Unebenheiten.

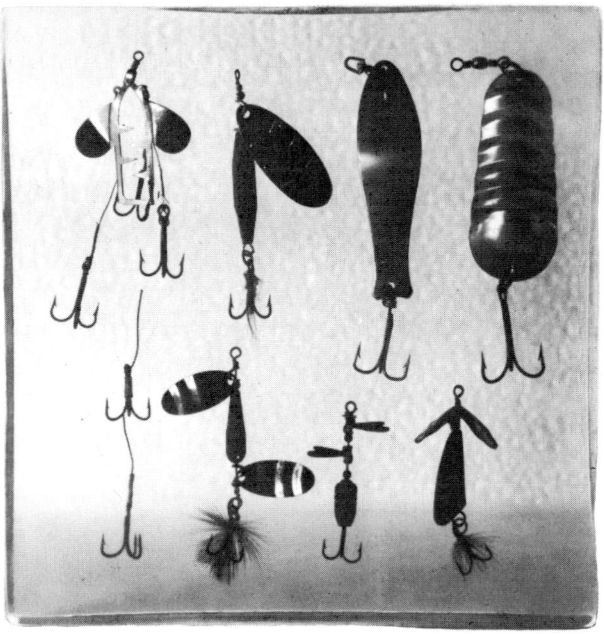

Eingegossene Angelgeräte lassen sich zu Schulungszwecken bedeutend besser vorzeigen als lose. Die Eingießtechnik ist die gleiche wie bei den Schlundzähnen, nur ist wegen der Hakenspitzen und der damit verbundenen Rißgefahr eine Härterzugabe von 0,8 % angebracht.

Nun zu meinem Prunkstück, dem abgestreiften Panzer eines Einsiedlerkrebses, der durch die vielen Haare an den Gliedmaßen eine Sonderbehandlung erforderlich machte.
Zunächst habe ich den Panzer vier Tage lang in Alkohol entwässert, bei steigender Konzentration von 50 bis 99 % (unverdünnt),

Links: Solche Einbettungen erfordern mit Polieren höchsten 45 min an Arbeitszeit und lassen sich recht gut verkaufen. Der Harzbedarf beträgt 500 ml. – Rechts: Mein Prunkstück! Es handelt sich hierbei um den abgestreiften Panzer eines Einsiedlerkrebses, der durch die vielen Haare an den Gliedmaßen eine Sonderbehandlung erforderlich machte.

sodann für 10 Minuten in Styrol und für weitere 30 Minuten in Polyester-Gießharz ohne Härter verbracht. Das von der Firma Voss empfohlene dreitägige Styrolbad unterließ ich wegen der möglichen Farbauslaugung des tiefroten Panzers.
Die erforderliche Harzmenge von 500 ml habe ich mit 4 ml MEK-Härter (0,8 %) sorgfältig und möglichst luftblasenfrei mit einem Holzspatel verrührt und in einem Meßzylinder zum Aufschwimmen der Luftblasen stehengelassen. Denn ganz ohne Luftblasen läßt sich das Harz mit dem Härter doch nicht vermischen!
In die mit dem flüssigen Gießharz gefüllte Form wurde der Krebspanzer eingelegt und jedes einzelne Gliedmaß mit einer langen gebogenen Kanüle nebst Spritze vom Körper her entlüftet, d. h. die Luft abgesaugt. Ohne diese Behandlung hätte das Harz sicher nicht alle Hohlräume erreicht, und es wäre mit großer Wahrscheinlichkeit zu Rissen im Block gekommen.
Um die Polymerisation von unten her einzuleiten, stellte ich die Gießform auf eine vorgewärmte Platte und fixierte den Krebspanzer so lange mit ein paar Präpariernadeln in der Mitte der Form. Beim ersten Anzeichen der beginnenden Gelierung kamen die Nadeln raus und die Form von der Heizplatte herunter. Ich ließ den Gießling an der Oberfläche noch gut anhärten und leitete dann sofort die Kühlung im Eisschrank ein. Nach dem völligen Erkalten der Gießform blieb diese über Nacht sich selbst überlassen.
Am nächsten Morgen legte ich die Form samt Inhalt für fünf Minuten in kochendes Wasser und dann anschließend unter fließendes kaltes Wasser – der Harzblock fiel hernach von selbst aus der Form.
Eine allseitige Schleif- und Polierbehandlung stellte die völlige

Zwergwels in Kunstharz.

Transparenz wieder her, und mit Freude stellte ich weder einen Riß noch eine Schlierenbildung fest.
Die Schleifarbeit ist vermeidbar, wenn die etwas über den Rand gefüllte Gießform mit Hostaphanfolie abgedeckt wird. Allerdings muß dies geschehen, solange das Gießharz noch flüssig ist!
Für Harzblöcke, die später nur von vorne betrachtet werden können, läßt sich der Guß in mehreren dünnen Schichten ausführen, was die Gefahr einer Rißbildung wesentlich verringert. Wenn zudem auf eine Wasserkühlung verzichtet werden muß, darf der nächste Harzguß erst erfolgen, wenn der vorhergegangene schon ausgekühlt, also völlig erkaltet ist. Bei seitlicher Betrachtung sind die einzelnen Gußschichten immer recht störend zu sehen.
Die Firma Geier & Voss bietet ihr Eingießharz unter dem Namen Kristovoss in diversen Packungsgrößen komplett mit allem erforderlichen Zubehör an.

Kapitel 6 Einbettungen in Schwerigal

Das nach meiner Meinung für Fischeinbettungen am besten geeignete Mittel ist Schwerigal F, das 1954 von Siegfried Schwerin entwickelt und patentiert wurde. Diese gelatineartige Masse ist unproblematisch zu verarbeiten und weist hervorragende Eigenschaften, wie z. B. absoluten Farberhalt der Präparate und keinerlei Schrumpfungserscheinungen, auf. Eventuell später auftretende Mängel, wie Verfärbung und Verflüssigung der Masse, sind stets auf undichte Glasverschlüsse oder unsachgemäße Verarbeitung zurückzuführen. Im Institut für Rechtsmedizin der Universität Göttingen wird Schwerigal seit vielen Jahren erfolgreich angewandt.

In der Fischpräparation, speziell zur Herstellung von Lehrmitteln für die Fischereiprüfung und Sammlungen der vorkommenden Fischarten, Laichprodukte und inneren Organe ist Schwerigal F allen anderen Präparationsmethoden weit überlegen und liefert die wohl derzeit besten Ergebnisse. Ein nicht zu unterschätzender Vorteil ist hierbei, daß das in Schwerigal eingeschlossene Präparat jederzeit der Masse wieder entnommen und untersucht oder neu eingebettet werden kann. Bei einem Bruch des Behälters ist das Präparat also nicht verloren, wie dies z. B. bei Kunstharzeinschlüssen der Fall ist. Spannungsrisse können bei der Schwerigaltechnik ebenfalls nicht auftreten, da die Masse warm (40 °C) verarbeitet wird und beim Abkühlen erstarrt. Hingegen tritt bei der Kunstharztechnik (Polyesterharz) eine ganz beachtliche Reaktionswärme auf, die zu Spannungsrissen führen kann.

Für die Schwerigaltechnik eignen sich ganz besonders frische, nicht mit anderen Chemikalien vorbehandelte Objekte, aber auch Alkohol- und Formalinpräparate lassen sich in Schwerigal einbetten. Nur muß folgendes beachtet werden:

Formalinpräparate müssen vor dem Einbetten in Schwerigal mindestens 12 Stunden gründlich fließend gewässert werden. Alkoholpräparate einige Tage fließend wässern und danach für 14 Tage in eine 5prozentige Formalinlösung einlegen. Diese Lösung ist des öfteren zu erneuern. Anschließend wieder 2–3 Tage fließend wässern und hernach sofort in Schwerigal einbetten.

Diese zwei Beispiele muten doch recht umständlich an und sind vermeidbar, wenn gleich zu Beginn bei der Fixierung anstatt Formalin Schwerigal-Fixierlösung verwendet wird. Im Nachfolgenden ist nur die Rede von nicht vorbehandelten, also frischen Organen und Fischen!

Erforderliche Arbeitsgänge

1. Abtöten; 2. Anfixieren; 3. Vorbehandeln; 4. Fixieren; 5. Einbetten; 6. Verschluß der Behälter; 7. Aufbewahrung.

1. *Abtöten.* Um bei ganz einzubettenden Fischen die beste Farberhaltung zu gewährleisten und Beschädigungen zu vermeiden, ist es angebracht, die Fische in der Fixierungslösung F abzutöten. Betäubung in Acetonchloroform (s. Kapitel „Chemikalien“).

2. *Anfixieren.* Dieser Arbeitsgang ist nur bei ganzen Fischen erforderlich und wird dadurch bewerkstelligt, daß der Fisch nach dem Abtöten etwa 60 Minuten in der Fixierungslösung verbleibt. Nach dieser Zeit ist er genügend angehärtet.

3. *Vorbehandeln.* Grundsätzlich nur mit angefeuchteten Händen arbeiten, um die Schleimschicht des Fisches nicht zu beschädigen, die im Gegensatz zu anderen Präparationsmethoden hier erhalten werden muß. Als Arbeitsunterlage ist eine gerillte Glasplatte recht brauchbar. Zur Entfernung der Eingeweide über After oder Schlund benötigen wir einen Haken und eine Moskitoklemme und zum Ausschneiden der Kiemen eine gebogene spitze Schere (siehe Kapitel „Werkzeuge“). Die Bauchhöhle ist gründlichst auszuräumen und gut zu spülen, bis sich keine Blutspuren mehr zeigen.

Mit einer Injektionsspritze und dünner Kanüle sind die Augen so mit der Fixierungslösung zu unterspritzen, daß sie ein wenig hervortreten. Ich führe dazu die Kanüle immer am hinteren oberen Rand der Kiemendeckel ein. Von dieser Einstichstelle aus ist auch das Gehirn zu erreichen, welches ebenfalls mit der Fixierungslösung ausgespritzt wird. Bei größeren Fischen ist es ratsam, auch die Rücken- und Schwanzpartie mit der Lösung zu injizieren. Eingestochen wird hierbei mit einer langen Kanüle vom After aus.

Wenn Verdauungsorgane eingebettet werden sollen, müssen diese vorsichtig entleert und im Wasserbad ausgespritzt werden. Man soll nur eine Einstichstelle wählen und diese markieren oder, noch besser, eine Kanüle mit Olive dort einbinden, da jeder unnütze Einstich später beim Ausfüllen mit Schwerigal Schwierigkeiten macht.

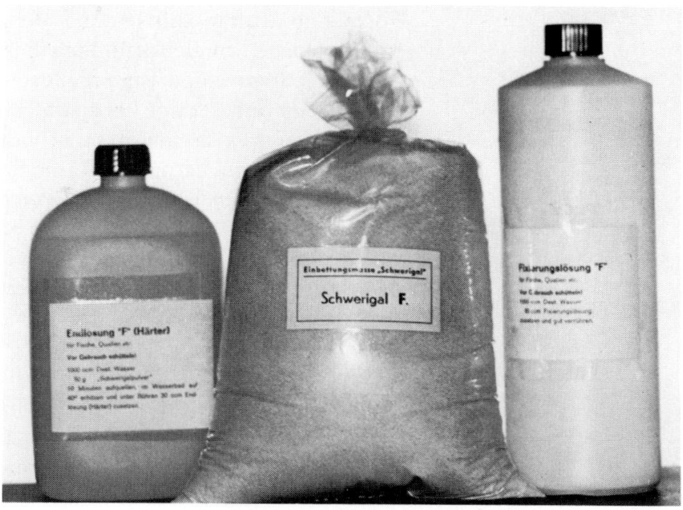

V. r. n. l.: Fixierungslösung „F“, 80 ml dieser konzentrierten Lösung 1000 ml Aqua dest. zufügen; Einbettungsmasse „F“, 60 g davon in 1000 ml Aqua dest. 10 min aufquellen lassen und im Wasserbad auf 40 °C erwärmen; Endlösung „F“ (Härter), 35 ml der Einbettungsmasse nach deren vollständiger Auflösung zufügen.

So hänge ich die Fische in die Fixierungslösung. Für die verschiedenen Fischgrößen verwende ich unterschiedliche Glasbehälter.

Verblaßte Farben könnten in einer 20–30prozentigen Pyridinlösung aufgefrischt werden, jedoch empfiehlt der Hersteller von Schwerigal, kein Pyridin zu verwenden.

4. *Fixieren.* Ganze Fische benötigen für die Fixierung, je nach Größe, 8–24 Tage in der Fixierungslösung F. Vor dem Einhängen der Fische in dieses Bad müssen die Flossen mit rostfreien Nadeln oder Klammern in die gewünschte Lage gebracht werden. Diese Stützmittel können wir nach einer Fixierungsdauer von 24 Stunden wieder entfernen. Innere Organe, wie Magen, Darm und Gallenblase, sind mit der Fixierungslösung auszuspritzen, abzubinden und zu fixieren.

Sollen Kiemen zur Darstellung des Atmungsorgans der Fische eingebettet und die rote Kiemenfarbe erhalten werden, ist folgendes zu tun: Die Kiemen einige Tage in der Fixierungslösung F fixieren, danach mittels Filterpapier möglichst trocken tupfen, mit einer Spritze und Kanüle einige Tropfen frisches Blut auf die Kiemen tropfen und dieses etwa 5 Stunden einziehen lassen. Sodann 5prozentiges Formalin mittels der Spritze auf die Kiemen aufbringen und etwa 5–6 Stunden oder auch länger einziehen lassen und die Kiemen hernach wieder in die Fixierungslösung zurückbringen. Während dieser Arbeit sind die Kiemen mit einem feuchten Tuch vor dem Austrocknen zu schützen.

Für die Darstellung der Verdauungsorgane im Fisch bei geöffneter Bauchhöhle dürfen diese nicht entfernt oder beschädigt werden. Sie müssen sorgfältig gereinigt und im Schlund abgebunden werden. Eine durch den After eingeführte und eingebundene Kanüle mit Olive dient der Befüllung mit Fixierungslösung und später mit der Endlösung. Zur besseren Übersicht ist es angebracht, ungemustertes Filterpapier zwischen Körper und Eingeweide zu legen, um diese etwas aus der Bauchhöhle abzuheben. Bei Organen großer Fische, wie z. B. Gallenblase und Magen eines Wallers, ist es angebracht, in die dort befindlichen Blutgefäße kleinste Kanülen einzubinden und mit Fixierungslösung auszuspritzen. Damit können diese Gefäße hernach mit eingefärbter Endlösung sehr schön dargestellt werden. Zu beachten ist dabei allerdings die natürliche Flußrichtung in den Gefäßen, da in entgegengesetzter Richtung nicht zu spritzen ist.

5. *Einbetten*. Für die eigentliche Einbettung sind außer Schwerigalmasse geeignete Behälter aus Glas oder Plexiglas erforderlich sowie eine Vorrichtung zum Einhängen des Objektes und ein größerer Behälter mit kaltem Wasser zur Abkühlung.

Die erforderliche Endlösung wird 1:20 (60 g Schwerigalpulver auf 1000 g = 1 l Aqua dest.) kalt angesetzt und muß 10 Minuten aufquellen. Anschließend ist die Endlösung im Wasserbad auf 40 °C zu erwärmen, bis das Schwerigalpulver vollständig aufgelöst ist. Die angegebene Temperatur darf auf keinen Fall überschritten werden! Sodann werden 30 ml Härter langsam eingerührt, bei Härterzugabe in einem Guß bilden sich Klumpen, und die Masse ist gebrauchsfertig. Für die Ausfüllung von Magen, Darm, Gallen- und Schwimmblase ist es angebracht, die Endlösung konzentrierter anzusetzen, um einen Druckausgleich der äußeren Schwerigalmasse zu erreichen. Ich verwende dazu statt 60 g Einbettungsmasse und 35 ml Endlösung immer 70 g Pulver und 40 ml Härter.

Die erforderlichen Glasbehälter müssen gründlich gesäubert und entfettet sein (mit Sodalösung auswaschen), in diese wird die erwärmte Einbettungsmasse so eingefüllt, daß der Rand der Präparatenkästen nicht mit Schwerigal benetzt wird, da sich sonst später undichte Stellen im Verschluß bilden könnten. Die bessere Lösung ist ohnehin, die Behälter mittels Überdruckeinrichtung von unten zu befüllen. So eine Einrichtung können wir leicht selbst herstellen und benötigen dazu nur eine Luftpumpe (Köderfischpumpe), ein Zweiwegventil, einige Schläuche und einen genügend großen Glasbehälter (Saftflasche) mit dichtem Schraubverschluß. Damit ist es möglich, die erwärmte Endlösung blasenfrei in die Präparatenkästen einzufüllen.

Durch die Wasserkühlung bindet die Einbettungsmasse im unteren Teil des Glases schneller ab und verhindert das Absinken des eingehängten Fisches. Durch vorsichtiges Ziehen am Anhängestab wird festgestellt, ob der Fisch schon genügend von der Masse festgehalten wird. Wenn ein deutlicher Widerstand spürbar ist, kann der Drahtstab durch vorsichtige Drehungen entfernt und der äußere Glasbehälter ganz mit kaltem Wasser aufgefüllt werden. Die rechtzeitige Entfernung des Haltedrahtes verhindert die Entstehung eines Stichkanals.

Für die farbige Darstellung von Blutbahnen, Gallenblaseninhalt und Magen-/Darminhalt läßt sich Schwerigal-Einbettungsmasse

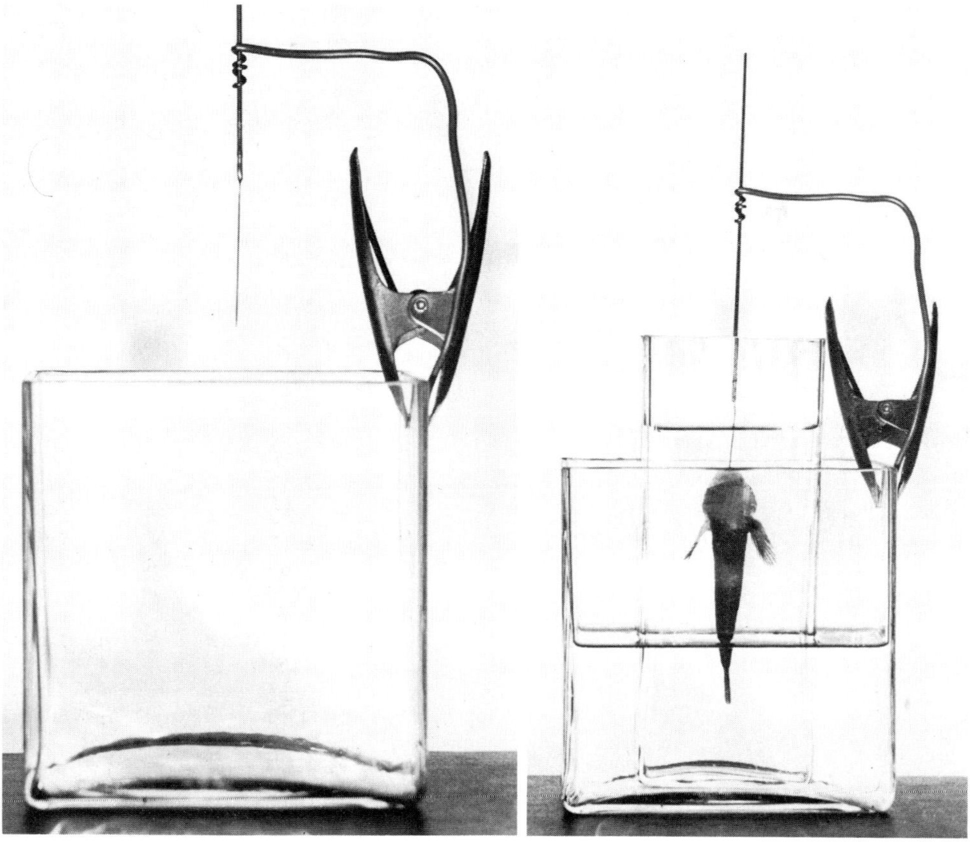

Links: Die Einhängevorrichtung kann ganz einfach aus einem Drahtstab mit angelöteter gerader Wundnadel und einem Stück starken Kupferdraht als Haltebügel bestehen, die mit einer Klammer am äußeren Behälter befestigt wird. Ein verstellbares Stativ ist natürlich besser (siehe Kapitel „Werkzeuge"). – Rechts: Der größere Glasbehälter wird zur Hälfte mit kaltem Wasser gefüllt, das mit Schwerigal gefüllte Glas hineingestellt und der nur kurz abgespülte Fisch hineingehängt. Es ist darauf zu achten, daß aus der Bauchhöhle alle Luftblasen entweichen und durch Schwerigal ersetzt werden. Luftbläschen an den Flossen lösen sich beim vorsichtigen Bewegen des Fisches. Jetzt erst wird die restliche Einbettungsmasse bis knapp unter den Rand aufgefüllt.

mit wasserlöslichen Farben einfärben. Die Ausspritzung mit eingefärbtem Schwerigal nehme ich immer mit einer angewärmten Spritze oder der Überdruckeinrichtung an dem im warmen Wasserbad liegenden Objekt vor. Die warme Masse dringt selbst in die kleinsten Blutgefäße vor. Nach dem Ausfüllen der Gefäße müssen diese abgebunden und die eingelegte Kanüle entfernt werden. Spritze und Kanülen sofort mit heißem Wasser ausspülen! Für die vorübergehende Aufbewahrung muß das Glas mit dem Schwerigalpräparat nicht verschlossen werden; es genügt, wenn der obere Rand ständig mit Wasser bedeckt ist.

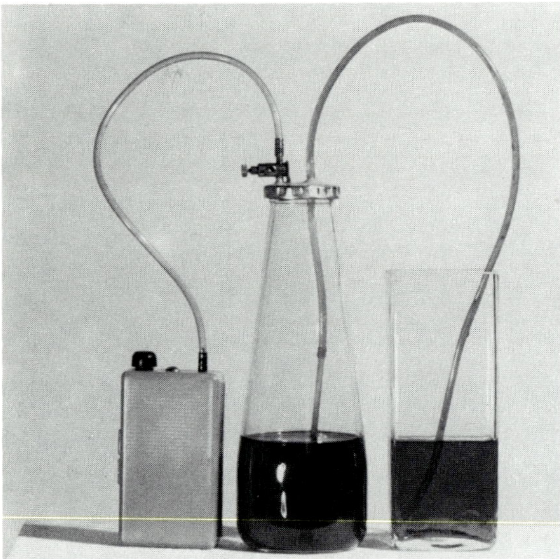

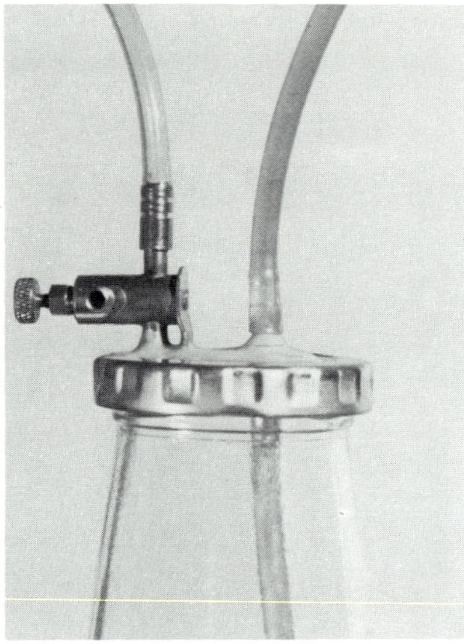

Die Luftpumpe, betrieben mit einer 1,5-Volt-Monozelle, liefert genügend Druck, der über das Zweiwegventil gesteuert wird und von oben in den verschlossenen Glasbehälter einströmt. Je mehr Druck wir nach außen entweichen lassen, um so langsamer fließt die Einbettungsmasse aus dem Behälter, so daß die erforderlichen Fließgeschwindigkeiten einstellbar sind. Einzubettende Fische, die senkrecht im Präparatkasten hängen, befüllen wir langsam, um die Luft aus der Bauchhöhle entweichen zu lassen. Die Abbildung links zeigt die gebrauchsfertige Überdruckeinrichtung. Im Detail sieht es so aus, daß das Ventil (Messing verchromt) direkt auf den Schraubverschluß der Flasche geklebt ist (Abb. rechts), während für den Plastikschlauch eine passende Steckverbindung angebracht werden muß. Klebarbeiten hier mit Stabilit oder UHU-plus.

6. *Verschluß der Behälter.* Als Verschluß kommt eine Glasplatte mit angerauhtem Rand und Entlüftungsbohrung oder, noch besser, eine 1 mm starke Astralonplatte, die in sich flexibel ist, in Betracht.
Der Rand des zu verschließenden Behälters muß gründlichst gereinigt und anhaftende Schwerigalmasse mit dem Skalpell und Schleifpapier entfernt werden. Der so gereinigte Rand ist mit Aceton oder Wundbenzin abzureiben. Sollte auf der Schwerigalmasse Schleifstaub liegen, können wir diesen unter fließendem Wasser abspülen.
Je nach Behältergröße muß das Präparatenglas bei Zimmertemperatur (ca. 18°C) etwa 12 Std. offen bleiben, damit die abgesonderte Feuchtigkeit der Schwerigalmasse verdunsten kann.
Die benötigte Menge UHU-plus ansetzen und eine halbe Stunde offen stehen lassen, damit es in sich fester wird und nicht so leicht vom Glasrand ablaufen kann. Den Glasrand gleichmäßig dünn mit UHU-plus bestreichen, die Astralonplatte auflegen und mit einer Glasplatte und einem Gewicht beschweren, damit sich zwi-

schen der Astralonplatte und dem Glasrand keine Luftblasen bilden können.

Eine vereinfachte Methode zum Verschluß der Präparatkästen ist unter Verwendung von „UHU-plus schnellfest" zu erreichen. Ich habe schon vor Jahren mehrere Gläser ohne Metallonrand hergestellt, also den Astralondeckel ringsum geringfügig kleiner geschnitten als der Umfang der Gläser ist, den Klebstoff nach Vorschrift angerührt, satt aufgetragen, den Astralondeckel aufgelegt, ringsum leicht überstehend ein Tesaband aufgezogen und den Deckel im UHU-plus schnellfest angedrückt und leicht beschwert. Das Tesaband kann nach etwa 20 min entfernt werden. Die so verschlossenen Behälter sind bei Schulungen und Vorträgen schon durch viele Hände gegangen und immer noch tadellos dicht. Ein weiterer Vorteil ist der, daß UHU-plus schnellfest schon nach 15 min belastbar ist und der Behälter nach etwa einer halben Stunde total verschlossen werden kann. Der Metallonrand zur Sicherung des Deckels ist hier überflüssig.

Behälter aus Plexiglas werden natürlich mit einer Deckscheibe aus Plexiglas und einem speziellen Klebstoff verschlossen. Nach etwa einem Tag ist UHU-plus ausgehärtet, und das Glas kann in Schrägstellung luftblasenfrei mit Schwerigal ausgespritzt werden. Die Masse muß etwas erhaben über dem Befülloch stehen, damit sie beim Abbinden keine Luft ziehen kann.

Das Schwerigal kann nach mehr als einer Stunde bereits so weit abgebunden sein, daß beim Abnehmen des Überstandes vom Befülloch mit einem Messer ein Einreißen der Masse nach innen zu befürchten ist. Aus diesem Grunde muß auch diese Öffnung nach spätestens 1 Stunde mit einem Deckplättchen und UHU-plus verschlossen werden. Sehr gut läßt sich ein Deckplättchen aus Astralon 0,2 mm mit UHU-PVC auf die Astralondeckscheibe aufkleben, da UHU-PVC beide Klebeflächen etwas löst und miteinander verschweißt.

Zur letzten Sicherung des Deckels wird ein ca. 10 mm breiter Rand aus Metallon 2082 angebracht. Dazu wird 10 mm von der Oberkante des Behälters ein Leukoplaststreifen rings um den Be-

Die Verschlußplatte ist ringsum aufgerauht und an einer Seite mit einer 4-mm-Bohrung zur Entlüftung und totalen Befüllung versehen. Die Platte ist etwa 1–2 mm größer als der Außendurchmesser des Behälters und bewirkt so später einen besseren Verschluß.

Die Abb. zeigt zwei fertig verschlossene Präparatenkästen. Oben (Jungzander) Verschluß mit UHU-plus und Metallonrand, unten (Schleie) mit UHU-plus schnellfest ohne Rand. Eine undichte Deckelverklebung würde sich sofort durch das Abheben der Einbettungsmasse bemerkbar machen. Oben im Bild ist die verklebte Befüllöffnung und rings um das Glas der Metallonrand zu sehen.

hälter geklebt. Der Zwischenraum wird satt mit Metallon 2082 ausgestrichen und ein weiterer breiter Leukoplaststreifen über das Metallon und den unteren Streifen geklebt. Jetzt kann mit dem Finger das Metallon gleichmäßig verteilt werden. Dies geschieht durch leichtes Überstreifen über den breiteren Leukoplaststreifen, wobei die Ecken ganz besonders berücksichtigt werden müssen.

Metallon 2082 benötigt zum Abbinden etwa 12 Stunden. Nach dieser Zeit wird der breitere Leukoplaststreifen abgezogen, und auch der untere Streifen kann entfernt werden. Mit feinem Sandpapier läßt sich der Metallonrand wunderbar glatt abschleifen, nach oben hin überstehende Reste entferne ich immer mit einer feinen Feile. Bei der Verarbeitung von UHU-plus ist es vorteilhaft, nach dem Mischen der beiden Komponenten diese mit einem Heißluftgebläse (ein Fön tut es auch) bis auf dünnflüssige Konsistenz zu erwärmen und wieder leicht abkühlen zu lassen. Die Abbindezeit wird dadurch wesentlich kürzer und die Festigkeit größer.

Fehler bei der Verwendung von Schwerigal

Milchige Trübung der Masse nach dem Einbetten des Präparates ist meistens auf ungenügendes Wässern zurückzuführen, insbesondere, wenn die Objekte mit Formalin ausgespritzt waren oder lange in Alkohol gelegen haben.

Luftblasen treten bei sachgemäßer Bearbeitung kaum auf. Lufthaltige Objekte werden nach dem Anfixieren und vor dem Einbetten mit Schwerigal ausgespritzt, 12 Stunden in klares, fließendes Wasser gelegt und dann eingebettet.

Eintrocknen der Masse macht sich nach dem Erstarren durch Anheben von der Behälterwand oder Rißbildung bemerkbar und ist auf zu langes Austrocknen an der Luft zurückzuführen.

Verflüssigung und Braunfärbung der Einbettungsmasse hat seine Ursache stets in einem undichten Verschluß.

Bei der Einbettung von Krebsen und Meerestieren in Schwerigal-F kann es zu einer langsamen Auflösung (Verflüssigung) der Einbettungsmasse kommen, die durch die Kieselsäure verursacht wird, die diese Tiere haben. Wie mir der Hersteller des Schwerigal schrieb, gibt es bis heute kein wirksames Gegenmittel, um die Kieselsäure zu neutralisieren. Empfehlenswert ist es, nach dem Fixieren noch sehr lange in fließendem Wasser zu spülen und nach einer eventuellen Verflüssigung nochmals neu einzubetten. Damit dürfte dann in aller Regel der Erfolg gesichert sein. Folglich sollte man auflösungsgefährdete Präparate niemals sofort in Behälter aus Plexiglas einbetten, da sie nach dem Verschluß mit speziellem Plexiglaskleber kaum mehr ohne Beschädigung geöffnet werden können. Bei den üblichen Glasbehältern mit Astralondeckel besteht diese Gefahr nicht.

Anhaftende Schwerigalmasse an oder in Präparatengläsern läßt sich durch Einweichen in 40prozentiger Kalilauge leicht entfernen. Sollte einmal ein eingebettetes Präparat aus dem Behälter entfernt werden müssen, so kann dies durch eine eingeführte lange Kanüle mittels Wasserdruck leicht geschehen. Selbstverständlich muß dazu vorher der Verschlußdeckel abgenommen werden.

Ich verwende immer dann den flexiblen Plastikschlauch zum Ausspritzen, wenn ich bei Objekten Kanülen eingebunden habe, die durch die Spritzbewegung der Hand in ihrem Sitz gelockert werden könnten oder das umgebende Gewebe beschädigen würden.

Wie die Erfahrung gezeigt hat, sind Schwerigal-Einbettungen empfindlich gegen krasse Temperaturunterschiede. Aber auch direkte Sonnenbestrahlung verträgt das Material nicht. Schwerigal-Einbettungen als Schulungsmaterial sollten tunlichst nur in Vitrinen vorgezeigt werden, um Beschädigungen des Verschlusses am Glas zu vermeiden.

Gerade der Herstellung solcher Präparate dürfte sich in Zukunft, bedingt durch die Sportfischerprüfung, ein weites Feld öffnen, das zu nutzen sich lohnen dürfte.

Die folgenden Fotos sollen zur Lehrmittelherstellung für die Sportfischerprüfung anregen und verdeutlichen, worauf es ankommt.

Für die Anwendung von Schwerigal bei Objekten, die unter Wasser ausgespritzt werden müssen, ist ein Infusionsschlauch zwischen Spritze und Kanüle angebracht. Das Foto zeigt: Kanüle mit Olive, Infusionsschlauch mit Steckverbindung und Schraubklemme, 5-ml-Einmalspritze mit Kanüle und 20-ml-Einmalspritze. ▷

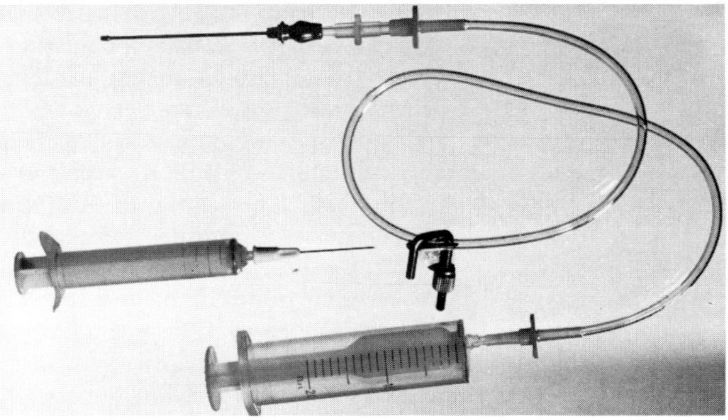

Links: Verdauungstrakt einer Quappe, ohne Leber und Galle. – Mitte: Kiemenbogen einer 2-kg-Forelle und gesamter Kiemenkomplex einer 2-kg-Brachse als Beispiel für das Sauerstoffbedürfnis. – Rechts: Verdauungstrakt mit Leber und Galle einer Forelle. Der Pfeil zeigt den Übergang vom Schlund zum Magen. ▷

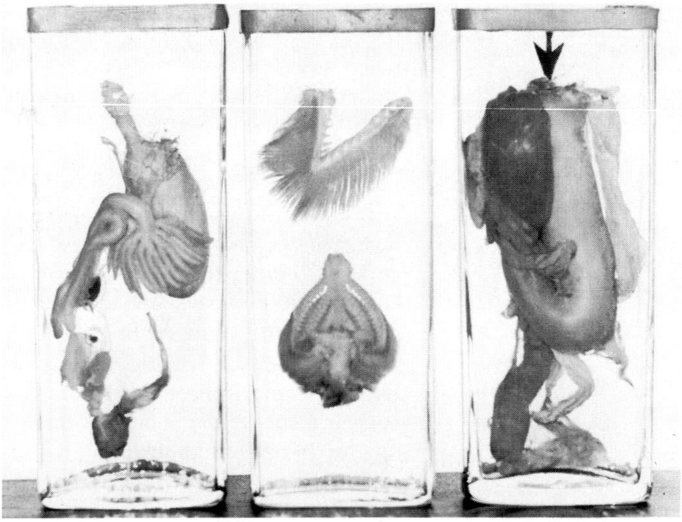

In Schwerigal eingebettete Regenbogenforelle, zweisömmerig. Das Präparat weist keinerlei Farbveränderungen oder sonstige Beeinträchtigungen der Natürlichkeit auf. Selbst der sehr zarte Metallschimmer ist voll erhalten. ▽

Jungzander und Schleie. Bei der Schleie ist schon das Geschlecht an den Bauchflossen erkennbar (Geschlechtserkennung an lebenden Fischen).

Karpfenkopf im Schnitt mit vorgestülptem Maul (Rüssel) und aufgestellter Nasenöffnung (Geruchssinn).

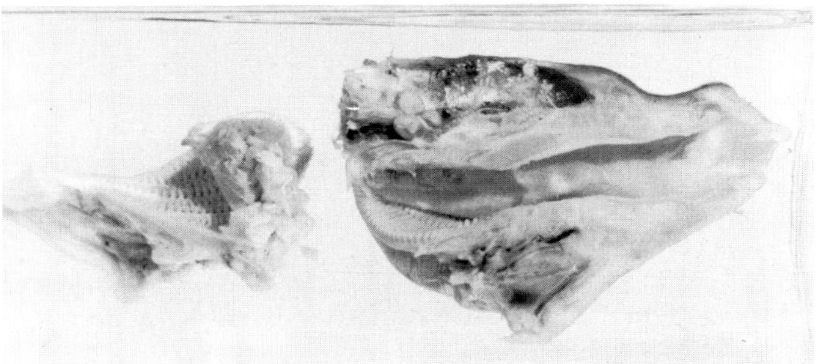

Karpfenkopfschnitt innen, mit Nachhirn(Betäubung), Schlund(Nahrungsaufnahme), Herz(Kreislauf) und Kiemen(Atmung). In () jeweils Fragenkomplexe der Fischkunde.

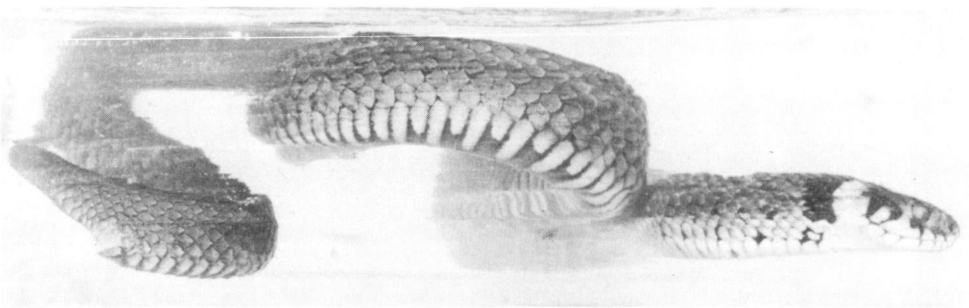

Oben: Rotscheriger Edelkrebs. – Mitte: Ringelnatter, die von einem Auto überfahren wurde, als Beispiel für am und im Wasser lebende geschützte Tiere. Ebenfalls präpariert in Schwerigal –F–.

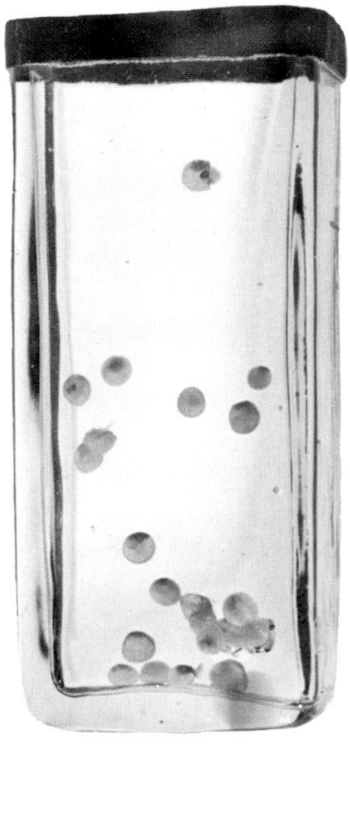

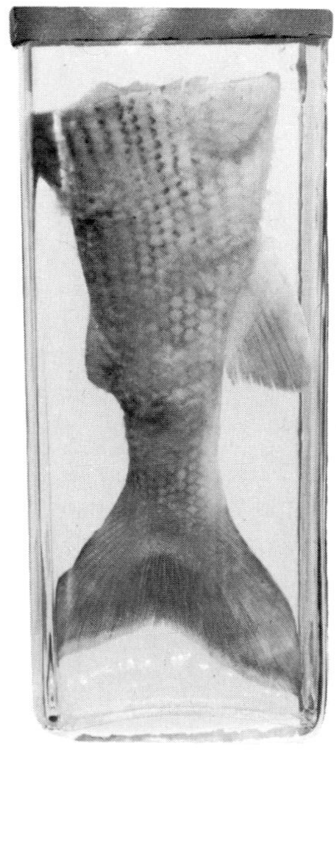

Links: Forellenlaich im Augenpunktstadium (Entwicklung des Fischlaiches). – Rechts: Pilzbefall an einer Äsche, die Fettflosse ist bereits vom Pilz überwuchert (Fischkrankheiten).

Ein Originalpräparat von Herrn S. Schwerin, dem Hersteller und Entwickler von „Schwerigal".

Für komplette Fischsammlungen in Schwerigaltechnik lohnt die Herstellung passender Koffer zur dauerhaften Aufbewahrung der Gläser. Ob man sich die Koffer von einer Musterkofferfabrik anfertigen läßt oder selbst aus 16-mm-Sperrholz herstellt, ist von untergeordneter Bedeutung und lediglich eine Frage des Preises. Im vorliegenden Fall habe ich eine Sammlung von 24 einheimischen Süßwasserfischen erstellt und diese in zwei Koffern à 12 Stück untergebracht. Obwohl die Gläser nur die Abmessung von $20 \times 8 \times 4{,}5$ cm haben, weisen die Koffer doch ein ganz beträchtliches Gewicht auf.

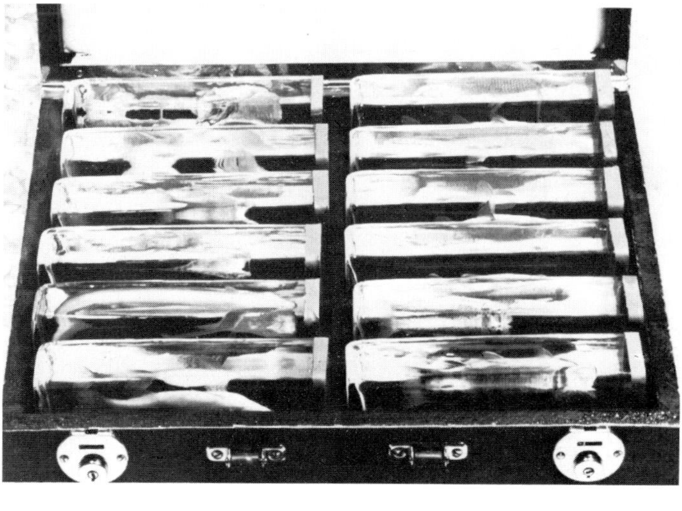

Für jedes Glas ist ein eigenes Fach im Koffer eingebaut, der Deckel und der Boden sind durch Einlagen aus Schaumgummi gegen Stoß gesichert. Die Koffer sind außen mit weinrotem Kunstleder überzogen, mit einem Ledergriff und zwei abschließbaren Kofferschlössern versehen.

PEG-Methode

Polyäthylenglykol mit einem Molekulargewicht von etwa 1400–1600 und einem Erstarrungspunkt von rund 48 °C macht bei der Fischpräparation das arbeitsaufwendige Entfleischen überflüssig, erfordert jedoch einen thermostatgesteuerten Wärmeschrank – und wer hat den schon!

Die genaue Arbeitsanleitung für die PEG-Methode ist im Buch von Echsel/Racek, „Biologische Präparationen" genau beschrieben. Aber wie gesagt, für den Hobbypräparator ist diese Methode viel zu aufwendig und teuer.

Bezugsquellenverzeichnis

PU-Schäume, Gießharze, Abformmassen usw.	Geier & Voss oHG, Zugspitzstr. 30, D-8208 Kolbermoor, Tel. (08031) 91011
dto.	Vosschemie, D-2082 Uetersen
Wacker-Siliconkautschuk RTV-M457	Wacker-Chemie, Postfach, D-8000 München 22
CC-Fischglasaugen	Karl Lange, D-8621 Grub am Forst, Tel. (09560) 500
Glasbehälter, Präparatenkästen	Hohlglaswerke Borken, D-4280 Borken/Westfalen
Astralon, Celluloid, Plexiglaskästen	Carl Thomas oHG, Xanter Str. 34, D-5000 Köln 60 (Riehl), Tel. (0221) 764076/77
Alle Werkzeuge für den Präparator, Fachbücher, Chemikalien	S. Heindl, Am Rautenberg 15, D-4930 Detmold 14, Tel. (05231) 48527
Schwerigal-F-Einbettungsmasse	Fa. Heindl-Versand, Postfach 445, D-4930 Detmold
Bronzepulver und Farben	Eckart-Werke, D-8510 Fürth
Kristallaugen der Firma VEB Lauschaglas	Jac. Bouten & Sohn b. v., Vegtestraat 13, Venlo (Niederlande)
Fachzeitschrift „Der Präparator", Berufsverband	Gemeinnützige Vereinigung der Präparatoren und Dermoplastiker Deutschlands, Postfach 250260, D-4630 Bochum
Plexiglasbehälter	Alpex GmbH, Georg-Aicher-Str., D-8200 Rosenheim, Tel. (08031) 42031

(Ohne Gewähr)
Allen Anfragen unbedingt ausreichendes Rückporto beilegen!

Sachregister